U0239064

水科学博士文库

Benefit Evaluation for Carbon Emissions of Concrete Dams
Based on Life Cycle Assessment

基于生命周期的
混凝土大坝碳排放
效益评价

柳春娜　安雪晖　著

中国水利水电出版社
www.waterpub.com.cn
·北京·

内 容 提 要

本书基于生命周期视角，建立了混凝土大坝碳排放评价模型，提出了材料生产、运输、建设和运行维护阶段碳排放的计算方法，结合离散事件模拟，分析了项目建设过程中排放、成本和进度表现；并以溪洛渡水电站、恒山水库等14个工程项目为例，验证了混凝土大坝碳排放效益评价模型的合理性，比较了各类筑坝技术的碳排放指标，指出了提高混凝土大坝碳减排效益的措施。全书理论研究和工程实践相结合，具有较好的理论和应用价值。

本书可供相关领域的科研人员和工程技术人员阅读，也可作为高等院校相关专业的参考用书。

图书在版编目（CIP）数据

基于生命周期的混凝土大坝碳排放效益评价 / 柳春娜，安雪晖著. -- 北京：中国水利水电出版社，2017.11
（水科学博士文库）
ISBN 978-7-5170-6023-9

Ⅰ. ①基… Ⅱ. ①柳… ②安… Ⅲ. ①混凝土坝－大坝－二氧化碳－排气－研究－中国 Ⅳ. ①TV642

中国版本图书馆CIP数据核字（2017）第272846号

书　名	水科学博士文库 **基于生命周期的混凝土大坝碳排放效益评价** JIYU SHENGMING ZHOUQI DE HUNNINGTU DABA TANPAIFANG XIAOYI PINGJIA
作　者	柳春娜　安雪晖　著
出版发行	中国水利水电出版社 （北京市海淀区玉渊潭南路1号D座　100038） 网址：www.waterpub.com.cn E-mail：sales@waterpub.com.cn 电话：（010）68367658（营销中心）
经　售	北京科水图书销售中心（零售） 电话：（010）88383994、63202643、68545874 全国各地新华书店和相关出版物销售网点
排　版	中国水利水电出版社微机排版中心
印　刷	北京印匠彩色印刷有限公司
规　格	170mm×240mm　16开本　8.5印张　165千字
版　次	2017年11月第1版　2017年11月第1次印刷
印　数	0001—1500册
定　价	**45.00元**

前言

QIANYAN

在全球变暖和雾霾污染加重的趋势下，促进水电能源战略发展是实现我国节能减排承诺和改善空气质量的重要途径。随着各类混凝土筑坝技术的快速发展，混凝土大坝已成为大中型水电项目的主要方案。系统评估混凝土大坝生命周期碳排放效益，建立混凝土大坝碳排放评价方法，正确认识关键碳排放因素，能够实现水电项目碳排放过程管理，对促进大中型水电项目碳减排效益进入国内外碳交易市场交易、鼓励低碳筑坝技术发展具有重要的理论与现实意义。

本书基于生命周期的理论框架，确定了研究的边界，包括材料生产、运输、建设过程和运行维护阶段。在综合文献、数据库和工程资料调研结果，分析各类筑坝技术后，确定了碳排放研究要素，建立了混凝土大坝建筑物的碳排放清单。通过耦合生命周期评价和离散事件模拟方法，进一步建立了基于生命周期的混凝土大坝碳排放评价计算模型，提出了生命周期各阶段的碳排放计算方法；基于机械设备的操作和待工状态的真实工作时间评价了建设过程的碳排放量，并通过模拟设备工作的时间、模拟工程的进度和碳排放量评价结果3个方面的对比，证明了采用离散事件模型的可靠性和必要性。

本书根据模型基础研究的成果，开展实证应用研究。以溪洛渡水电站、恒山水库等工程案例为例，选择调研设计结算资料、物资设备消耗表，通过拍摄视频和访谈等方法采集数据，利用建立的评价模型，计算了混凝土大坝生命周期各阶段的碳排放量，确定了主要的碳排放阶段。通过分析常规混凝土、碾压混凝土和堆石混凝土3种筑坝技术的单方碳排放量，证明了本书中提到的研究方法可以客观地比较不同筑坝技术的碳排放量，衡量低碳技术的碳减排量，得出了堆石混凝土是一种更为低碳的筑坝技术的结论。在评价和优化建设过程中，指出了降低待工时间、提高使用效率是提升排放表现的关键因素，建立了排放、成本和进度表现的评价方法，采用相关分析法和典型分析法揭示了在方案优化过程中排放和成本、进度之间的变化机理，提出了排放可作为过程管理优化的指标，以提高项目的整体表现。结合溪洛渡工程案例，从材料生产、机械设备等方面，分析了主要碳排放来源；结合主体工程施工进度，分析了碳排放密集阶段，实现了碳排放的过程管理，验证了提出的混凝土大坝生命周期评价计算模型的合理性，并讨论了各类节能减排措施效果，从采用低碳筑坝技术、优化施工方案、循环利用废弃材料、加强温控措施和建立碳交易额核算方法学等方面入手，提出了基于生命周期提高混凝土大坝碳减排效益的途径。

本书由中国水利水电科学研究院、国家水电可持续发展研究中心柳春娜博士和清华大学水利水电工程系安雪晖教授共同撰写。感谢清华大学金峰教授、强茂山教授和唐文哲研究员对本书的悉心指导，感谢国家能源局、中国长江三峡集团公司、雅砻江流域水电开发有限公司、中国电建集团成都勘测设计研究院、中国电建集团中国水利水电第八工程局有限公司、北京华实水木科技有限公司等调研单位和业内专家给予的大力支持，感谢所有调研工程现场的管理人员的支持帮助。感谢 SangHyun Lee 教授和 Changbum Ahn 教授在密歇根大学（安娜堡校区）交流学习期间，对相关研究工作的指导和帮助。感谢中国水利水电科学研究院科研专项（SS0145B612017）对本书的资助。

在本书的撰写过程中，笔者力求做到科学性和实用性相结合，但水电工程全生命周期中碳排放影响要素复杂，特别是在运行维护期，除水工建筑物本身维护产生的碳排放量之外，还存在水库温室气体排放问题，以及替代调水、发电等综合利用功能产生的碳排放，目前国内外尚无全面著作。本书重点研究了各类筑坝技术的碳排放效益核算方法和案例，在研究和数据的全面性上难免存在不足之处，敬请同行专家和广大读者批评指正。

作者

2017 年 8 月

目录

MULU

第1章 绪 论

1.1 背景和意义

1.1.1 全球气候变化

气候变暖问题已经引起了全球的广泛关注，联合国政府间气候变化专门委员会（International Panel on Climate Change，IPCC）评估报告指出，气候变暖主要是人类活动的结果[1]，很大程度上是过度使用化石燃料导致大量温室气体排放造成的[2]，根据国际能源协会（International Energy Agency，IEA）的数据，人均二氧化碳排放量变化趋势见图1.1。

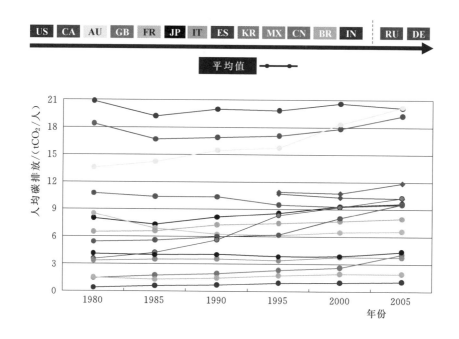

图 1.1 世界各国的人均二氧化碳排放量变化趋势

US—美国；CA—加拿大；AU—澳大利亚；GB—英国；FR—法国；JP—日本；
IT—意大利；ES—西班牙；KR—韩国；MX—墨西哥；CN—中国；
BR—巴西；IN—印度；RU—俄罗斯；DE—德国

可以看出世界各国的人均二氧化碳排放量在近些年逐渐增加，减缓气候变暖的关键是要减少二氧化碳排放[3]。根据国际能源协会最新数据，2015 年中国排放 90 亿 t 二氧化碳，占当年世界二氧化碳总排放量 321.4 亿 t 的 28%，位于世界各国首位[4]。此外，2035 年之前，全球二氧化碳排放量增量的一半将来自中国[5]。

1.1.2　碳排放权交易

我国正处在高速城市化发展过程中，预计到 2050 年发展到中等发达国家水平时，二氧化碳的年排放量可能达到 156 亿 t[6]。因此，控制中国温室气体排放对于全球碳减排效果至关重要。我国政府高度重视温室气体减排，积极采取措施保证经济发展的同时，减少二氧化碳排放[7]。2015 年 6 月，李克强总理宣布了中国应对气候变化 2030 减排计划，即二氧化碳排放 2030 年左右达到峰值并争取尽早达峰；单位国内生产总值二氧化碳排放比 2005 年下降 60%～65%，非化石能源占一次能源消费比重达到 20% 左右[8,9]。《"十三五"控制温室气体排放工作方案》明确要求：2020 年实现我国单位国内生产总值二氧化碳排放比 2015 年下降 18%，加快发展非化石能源，加快低碳技术研发与示范，加强温室气体排放统计与核算，强化全国碳排放权交易基础支撑能力，建立碳排放权交易制度，建设和运行全国碳排放权交易市场。

针对碳排放权交易，《联合国气候变化框架公约》及其《京都议定书》明确了发达国家和发展中国家在温室气体减排中共同而有区别的责任，赋予了实现温室气体减排目标的法律约束力[10]。欧洲碳排放交易体系（EU‐ETS）是当前世界范围内最大的碳排放交易市场，通过对各企业强制规定碳排放量，为减少全球碳排放量做出了巨大贡献。目前，碳排放交易主要采用"清洁发展、联合履约与国家排放交易"3 种机制，其中，清洁发展机制（clean development mechanism，CDM）是基于项目的减排机制，即碳减排额度（certified emission reductions，CER）交易，以实现发达国家和发展中国家进行项目级的减排量抵销额的转让与获得。借鉴 CDM 方法学，针对我国国情，国家发展和改革委员会尝试建立了全国碳交易统一市场，实行中国认证碳减排额交易（Chinese certified emission reductions，CCER），旨在全面推进自愿减排项目市场化，促进各个领域低碳技术的研发与应用，鼓励通过方法学核算的减排量进入碳市场交易。

1.1.3　国内雾霾污染

我国作为煤炭第一消费大国，近 30 年经济发展高度依赖煤炭为主导的能源结构是当前严重雾霾的重要原因。我国人口不到全球 20%，国土面积仅占世界 7％，但每年煤炭消耗量早在 2011 年就已高达全球一半，且主要集中在我国东中部地区，导致污染物浓度大大超过了大气环境的承载力极限。2016年，全国 338 个地级及以上城市中 $PM_{2.5}$ 浓度为 $47\mu g/m^3$，为世界卫生组织（WHO）过渡期第 1 阶段目标值的 1.34 倍；全国范围内超过 1/7 的国土被雾霾笼罩。与此同时，煤炭消费与雾霾密度高度重叠。空间分布上，京津冀及周边地区是我国受雾霾侵害最重的区域，其煤炭消费量占能源消费总量的71.6％，高于全国平均水平 5 个百分点。2016 年，京津冀区域 $PM_{2.5}$（细颗粒物）平均浓度为 $71\mu g/m^3$，超过国家二级年均浓度标准 1.03 倍。时间分布上，重污染天气主要发生在冬季。2016 年 11 月 15 日至 12 月 31 日采暖期间，京津冀区域 $PM_{2.5}$ 平均浓度为 $135\mu g/m^3$，是非采暖期 2.4 倍，仅 12 月就发生了5 次大范围重污染天气。2016 年区域内河北省火电发电量占全省发电量的90.6％，送出电量 400 亿 kW·h，同比增长 17.3％；华北送华中（特高压）和华东 188 亿 kW·h。火电外送更加重了京津冀区域燃煤及雾霾危害。调整以煤为主的高碳能源结构，用清洁电力代替燃煤是根治雾霾、实现美丽中国碧水蓝天目标的必然要求和选择，也是发达国家几十年前治理空气污染的共同经验。

1.1.4 水电开发碳排放管理

目前，开发利用可再生能源是已成为世界各国保障能源安全、加强环境保护、减少雾霾、应对气候变化的重要措施，也是我国应对日益严峻的能源问题和环境问题的必由之路。水电是技术成熟、运行灵活的清洁低碳可再生能源，在我国可再生能源中具有绝对优势，也是能源替代战略的优先电源方式。为了满足我国节能减排目标，《水电发展"十三五"规划》明确要求，2020 年水电装机容量将达到 3.8 亿 kW[11]。然而，CDM 和 CCER 的基准线碳排放核算方法仅针对小水电项目。小水电项目具有建筑物体积相对较小、建设周期短的特点，工程自身建设和维护过程中的碳排放量可忽略不计。相反，大中型水电工程项目涉及的碳排放影响因素较多，项目本身发电减排效益可观，但是施工建设和维护过程中的碳排放量大且集中。同时，大中型水电工程项目中多包括大量创新技术和新型施工组织工艺，这些新技术与新工艺本身具有明显的节能减排效益。由于目前缺乏大中型水电项目碳排放量的科学核算方法，严重制约了此类项目参与中国 CCER 碳认证和碳交易，以及全球 CDM 碳交易。

根据国际大坝协会最新预测，为实现"十三五"水电装机目标，全国混凝土大坝浇筑方量将超过 4 亿 $m^{3[12]}$。已有的研究表明，当前许多混凝土大坝工程在施工过程中，由于混凝土的生产、运输和浇筑而排放大量的二氧化碳[13]。其中，水泥作为混凝土的重要组成部分，是碳排放密集的材料；施工机械是能

3

源消耗密集的设备。随着混凝土浇筑方量的增加，水利工程建筑物本身生命周期的环境问题也值得关注[14]。此外，鉴于大中型水电项目建设周期相对较长，建设水电站等大型工程时，混凝土大坝的浇筑过程中将消耗大量建筑材料，使用许多机械设备和能源，在某一时期内的集中排放量对周边地区节能减排影响较大，开展城市温室气体清单编制工作时，多要求核算此类水利水电基础设施碳排放量[15,16]。

以汾河水电站建设过程为案例，评价结果显示项目建设过程中的碳排放量大约需要一年发电量折算的碳盈余量才可以抵消[17]，见图 1.2。

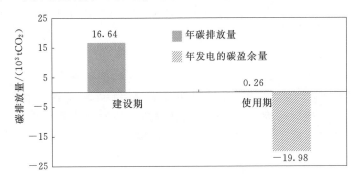

图 1.2　汾河水电站碳排放与碳盈余量结果对比图

因此，在积极发展水电项目、实现我国节能减排承诺的过程中，要关注混凝土大坝建筑物所产生的碳排放量，有必要基于生命周期研究混凝土大坝碳排放，在生命周期各个阶段对比各类筑坝技术的碳排放表现，推动和优化低碳筑坝技术，以减少碳排放量；而且在优化建设期的排放时，要充分考虑建设过程中两个项目管理的重要因素，即成本和进度[18]，研究成本和进度随碳排放变化的关系，才能实现碳排放的过程控制。所以基于生命周期理论，建立混凝土大坝生命周期碳排放评价计算模型，发展低碳筑坝技术，明晰碳排放要素，实现碳排放的过程管理，为大中型水电项目进入碳交易市场提供方法学提供科学支撑，为水电管理者建立低碳企业、履行社会责任提供决策依据，具有重要的理论与现实意义。

1.2　研　究　进　展

1.2.1　基于生命周期的碳排放评价方法

在碳排放评价计算模型方法的研究中，基本方法是由联合国气候变化组织 IPCC 提出的：排放量＝活动水平×排放因子[6]，即

$$Q = AD \cdot EF \tag{1.1}$$

式中：Q 为总的碳排放量；AD 为活动水平；EF 为碳排放因子，通过评价模型直接计算。

现在针对能源、工业、畜牧业、种植业、土地利用、林业和废弃物七大领域[3]，IPCC 已经公布了相应的评价模型，定量计算碳排放量。但对建筑业没有可以直接使用的评价模型。

在评价建设项目的环境问题时，生命周期评价（life cycle assessment，LCA）方法是一种将建设项目作为产品，全面系统的进行环境量化评估的方法，近些年已被学术界广泛认可。国际环境毒理学和化学学会（Society of Environmental Toxicology and Chemistry，SETAC）在 1990 年首先定义了生命周期评价[19-21]："LCA 是一个量化评价产品系统或者其行为相关的全部环境负荷的过程。在生命周期评价的过程中，首先要辨识和量化使用的物质、能源以及对环境的排放，然后再评价这些排放产生的影响。生命周期评价的范围包括了产品及其行为相关的所有过程，即包括了原材料的开采、加工、运输，制造、使用、维持，循环以及最终处理所有过程[22]。" 2006 年，国际标准化组织（International Organization for Standardization，ISO）继续颁布了 ISO 14040[23]：2006 替代了 ISO 14040：1997 中关于 LCA 的定义、原则和框架的部分阐述。ISO 颁布的生命周期评价框架以及 ISO 14040 - ISO 14043 标准的作用见图 1.3。

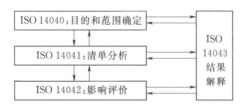

图 1.3　ISO 生命周期框架

可以看出生命周期评价框架包括了确定目的范围，生命周期清单分析（life cycle inventory，LCI），生命周期影响评价（life cycle impact assessment，LCIA），以及结果解释 4 个部分。

在建筑业，比较成熟的评价体系都是基于 LCA 的框架建立，如英国建筑研究所（building research establishment，BRE）和美国绿色建筑委员会（The U. S. Green Building Council，USGBC）等，都颁布建筑物碳排放评价工具，如绿色建筑评估体系（leadership in energy and environmental design building rating system，LEEDTM）。这些评价体系的研究边界集中在商业建筑物的使用期，从建设完成到建筑物废弃的过程，影响碳排放的要素是根据绿色建筑物评价标准中选取的与碳排放相关且可以定量计算的要素，主要包括节能、绿化、节水、区内交通 4 个要素，进一步细化成各项指标。然后根据确定所得的要素，选择国际标准公认的排放系数指标，计算排放因子，建立评价公式。但过去的研究证明了商业和水电建筑物在其生命周期中碳排放量分布比例是不同的[17]，见图 1.4。

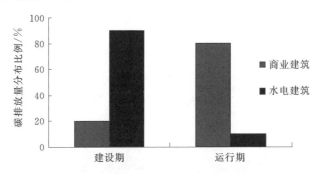

图 1.4　商业和水电建筑物碳排放比例分布图

商业建筑物使用期的碳排放量占到 80％左右，而水电建筑的碳排放主要集中在建设期。根据生命周期的评价框架、范围和影响要素的不同，所选择的评价方法也不相同，所以上述建筑业评价体系模型不能直接用于衡量混凝土大坝生命周期的碳排放量。在混凝土大坝生命周期碳排放评价时，要重新根据 LCA 评价框架步骤，分析已有建设项目的碳排放评价方法，确定碳排放要素，建立碳排放清单以计算混凝土大坝的碳排放量。

基于 LCA 的碳排放评价方法已经成为了选择建设过程材料、构件以及施工设备的唯一合理标准，也是建筑物环境评价的基础方法[20]。根据生命周期评价框架的步骤，在建设项目的评价过程中，首先要确定评价的范围。过去研究中在制定生命周期范围时通常会根据现有的数据量和研究项目的特点进行取舍，如 Ochoa 评价了居民建筑时将范围确定在原材料获取、生产制造和运输阶段，但忽略了建设过程阶段[24]；谷立静将建筑物的生命周期分为建筑部品（材料及设备）生产、建造施工、运行维护和拆毁处置 4 个阶段，在各个阶段中都使用到能源，能源的输配和建筑部品的运输可以将各个部分连接起来，形成图 1.5 所示的整体[19]。

张又升主要从建设和使用两个阶段分析了建筑物的碳排放量，其中建设阶段包括了设计、材料生产、运输、施工过程，使用阶段包括了维修、拆除和废弃物处理的过程[25]。尚春静和张智慧定义的生命周期阶段包括了原材料的开采，建设材料和设备生产，以及施工安装、运行维护和拆除的过程[26,27]，而且深入讨论了项目周期和建筑生命周期间的关系。

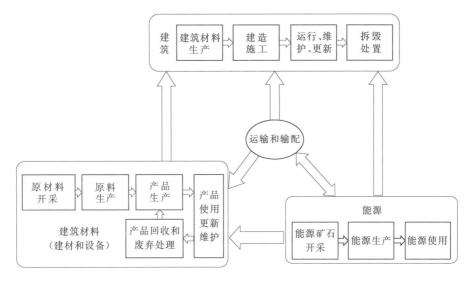

图 1.5　建筑物的生命周期

在国外的相关研究中，在 ASCE library、Science Direct - Online、Elsevier Science 等数据库上查到的近 200 篇关于建筑碳排放的研究文献中，由于建设项目的复杂性、独特性和数据的局限性，研究设定的计算范围也有不同。分析了其中 13 篇重点研究了建设过程中碳排放量的文献，计算范围包括了建设材料获取[28-31]、材料运输[32-34]、设备运输[32,33]、设备能耗[29,32,34,35]、工人运输[32]、材料废弃[33]等部分，统计得到各部分的篇数为：材料获取（7 篇）、材料运输（4 篇）、设备运输（3 篇）、设备能耗（7 篇）、工人运输（2 篇）、材料废弃（2 篇）、建设服务（3 篇）。

在框架研究的生命周期清单研究中，关键是要收集基础数据，建立排放要素，进行清单分析。国内外主要的建筑材料清单研究的数据收集方法见表 1.1[20]。

表 1.1　　　　　　　　　　国内外生命周期清单研究

学　者	年份	建筑材料	数据收集的方法
Thormark[36]	2002	建筑材料、运输和运行耗能	文献、能源模拟数据
González，Navarro[37]	2006	21 类建筑构件材料	行业和政府数据
Guggemos，Horvath[38]	2006	临时建筑材料	现场调研
Bilec[39]	2007	主要建筑材料	数据库、行业数据
Hammond，Jones[40]	2008	34 类主要建筑材料	文献、调研
Huberman，Pearlmutter[41]	2008	12 种建筑材料	文献、现场调研
Huntzinger，Eatmon[42]	2009	4 种水泥	文献、数据库数据

续表

学　者	年份	建筑材料	数据收集的方法
张又升[25]	2002	9 类建筑材料	行业调研
龚志起, 张智慧[22]	2004	水泥、钢材和平板玻璃	文献、现场调研
刘颖昊, 等[43]	2005	电力	现场调研
李小冬, 等[44]	2005	3 种型号水泥	文献调研
吴星[45]	2005	6 种建筑材料	文献、现场调研
顾道金, 朱颖新, 等[46,47]	2006	18 种建筑材料	文献调研
刘颖昊, 黄志甲, 等[48]	2007	电镀锌产品	文献、现场调研
顾道金, 等[49]	2007	27 种建筑材料	文献调研
王婧, 等[50]	2007	12 种建筑材料	文献调研
苏醒, 等[51]	2008	混凝土和钢结构建筑	文献调研
谷立静[19]	2009	7 种能源和 8 种建筑材料	文献调研
蔡博峰, 等[12]	2009	6 种建筑材料	文献调研
高源雪[52]	2012	主要建筑材料	文献调研、计算

　　可以看出，在国内的研究中以文献调研为主，虽然现场调研可以得到最直接的一线资料，了解当地的流程，相对于文献调研可评价得更准确，但容易受到行业保护和数据保密的约束，且需要较高的成本，只在客观条件允许时优先采用。国外的数据库研究相对更加完善，Simapro、Gabi、Gemis、Analytical、ELCD（European reference life cycle database）等数据库和分析软件都是在 LCA 框架图的基础上，分析文献资料，建立基础数据库，以方便用户直接建模进行生命周期评价。但这些商业软件的地域性和时间性都很强，与研究所在国家的技术水平直接相关，难以直接应用到我国的数据分析中，本土化过程中需要进行系数调整，在这方面现在仅有个别研究做了假设，还缺少理论的验证。在数据库建设方面，我国和国外相比还很不完善，近些年随着国家对环境问题的日益重视以及文献、调研等基础数据资料的不断完善，LCA研究在国内发展迅速，陆续推出了绿色建筑物评价标准和绿色奥运建筑评估体系。张智慧等研究和开发了基于 Web 平台的 6 种建筑材料的数据库及评价体系（building environmental performance analysis system，BEPAS）[53]。已有的研究中，资料较完整的是由四川大学开发的中国生命周期参考数据库（Chinese reference life cycle database，CLCD）[54]，该数据库示例见图 1.6。

　　该数据库主要是在全国平均水平下，基于过程 LCA 计算得到的基础材料数据、设备数据，并在此基础上建立了 eBalance 软件，可在软件平台上模拟输入输出过程，计算碳排放清单。

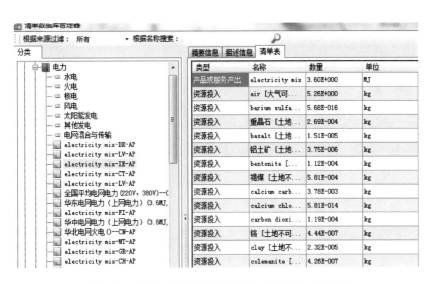

图 1.6　中国生命周期参考数据库（CLCD）的示例

接下来分析主要的碳排放评价方法，主要分为"由下至上"的基于过程（process）分析和"由上至下"的基于投入产出（economic input - output，EIO）分析两派。基于过程的 LCA 评价方法是按照 SETAC 提出的研究框架的形式，在制定范围边界后，对评价过程进行详细的分析，该方法在概念上简单直接，在数据可获性和可靠度较高时，计算结果相对准确，但要花费较高的时间和成本，有时很难得到一手的数据资料[55,56]。基于投入产出的 LCA 方法最早由 Leontief 在 20 世纪 70 年代提出[57]，在卡内基梅隆大学的研究中得到推广[55,58,59]。该方法是以国家和地区的经济为边界[60]，成本和时间投入少，为用户提供方便，但因使用集成的数据，评价结果相对粗略，难以准确分析具体过程的排放量[56]。

上述两种方法是建筑项目生命周期评价中普遍使用的方法，表 1.1 中学者采集数据的过程都属于过程分析法，其他的一些采用过程分析法的研究，如 Junnila 等，在 2003 年从材料制造和现场设备两个方面，评价了建设过程的碳排量[61]；燕艳针对浙江省的建筑物进行了碳排放量计算[62]；顾道金、朱颖心、谷立静等评价了住宅建筑物环境影响，并对我国建筑行业的综合环境、发展变化情况和可能的节能措施进行了分析[46]；李小冬、张智慧采用过程单元，评价不同建设材料能源消耗和施工过程中的环境影响[63]；尚春静、张智慧以北京一个住宅小区为例分析了从建设、使用到建筑物废弃整个过程的碳排放量[26,27]。Hacker[64]、Gustavsson[65]、Yan[66]、Tang[67]、刘伟[68]、秦佑国[69]、刘博宇[70]、黄国仓[71]、张倩影[72]、林波荣[73]、李海峰[74]等也都曾采用过程分析法分析建筑物的碳排放量。投入产出法在针对单独项目的评价中主要是以

Leontief[57]、Lave[58]、Hendrickson[56]、Ochoa[24]、Matthews 和 Sharrard[75,76] 等的研究为主,Suzuki[77]、Seo[78]、Norman[79]、Gerilla[80] 等也做过一些评价。

Singh 等在研究中指出 EIO-LCA 的方法高度的数据集成过程不利于对单个建设项目进行具体评价,而且也不适用于评价同一部门下的不同建设方法,当两种方法的投入相同时,得到的排放量也相同,难以区分具体的过程[81]。在对美国匹兹堡市的一座钢结构建筑物案例研究可以看出,相对过程生命周期评价(Process-LCA),投入产出生命周期(EIO-LCA)的评价结果相差到2 倍以上[32,39]。Keoleian 等使用 Process-LCA 方法计算了美国密歇根州安娜堡的一所标准住宅的能源消耗和温室气体排放,结果显示 90% 都来自于住宅的使用阶段[82]。Ochao-Franco 通过 EIO-LCA 对同一个案例进行计算,得到了相似的排放比例,但排放总量要明显的提高[83]。为了更大程度地发挥上述两种 LCA 评价方法的优势,学者们提出耦合生命周期评价(Hybird LCA)方法,在不同的阶段选择适当的方法,以有效解决统一边界范围、时间和成本的问题。现有的 Hybrid LCA 评价模型,主要包括了 tiered[84]、I-Obased hybrid[60]、integrated[85] 和 augmented process-based[86] 等。Guggemos 和 Horvath 根据 Hybrid LCA 模型,分析了美国加利福尼亚的一座商业大楼的建设过程阶段,研究的边界设在临时材料制造、材料和设备运输、设备使用、废弃物处理阶段,在案例研究中看出,设备的使用占到环境影响的 50% 以上[38]。Bilec 等也采用 Hybrid LCA 模型,评价了美国匹兹堡市一座车库在运输、设备使用、建设服务、生产和维修建设设备、现场用电、用水方面的环境影响,指出交通运输是最大的影响因素[87],并结合商业建筑物建设过程的特点,耦合评价了过程的环境影响[88]。

1.2.2　大型基础建设项目的生命周期评价

随着大型基础建设部分的碳排放量日益增加并受到了人们的关注,近些年学者们逐渐开始研究这方面的碳排放量,但比起建筑物的研究进展还是相差较远。在现有的研究中,生命周期评价仍然是分析这部分排放量的主要方法[81],主要有代表性的包括:Keoleian 等应用 Process-LCA 方法评价了两种不同的桥梁设计方法的生命周期影响,该研究侧重于分析由于使用不同的维修桥梁的方法,改变了工期,在此过程中原定于通行该桥梁的车辆,因为桥梁维修而变更路线而产生的排放差异,结果见图 1.7,水泥基复合材料(engineered cementitious composites,ECC)的环境表现要好于普通材料(conventional composites,Conv. C)[89]。

Cass 等结合了过程分析和投入产出法,计算了高速公路建设过程中的温

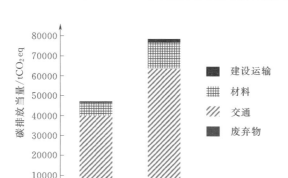

图 1.7 Keoleian 等研究中的碳排放表现对比

室气体排放量，通过现有的工地现场统计报告，计算设备制造、材料生产、燃料生产、设备使用、现场运输部分，比较了两种不同的混合评价模型的结果，见图 1.8。

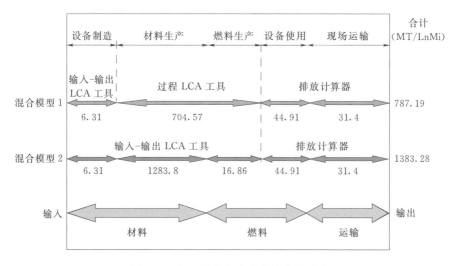

图 1.8 Cass 等研究中碳排放表现对比

在对比分析了评价结果后，指出合理的评价方法可以指导承包商在建设过程中监测项目的排放量，促使核算政策出台，激励承包商去改革建设工艺，减少排放。另外也有利于统计机构比较不同的建设操作方法的长期环境表现，从而可以得出重要的统计结论，有利于减少碳排放量[90]。

目前对基础设施中水电项目生命周期的研究还很有限，主要集中在两个部分：一部分是研究和比较不同的能源生产方式的环境表现[91]，图 1.9 是 Gagnon 等的研究结果，通过比较水电、煤电、核电、风电、天然气发电等的碳排放系数，量化水电工程在减缓全球变暖方面的优势[92]。可是这些已有的研究只给出了最终的生命周期评价结果，没有说明具体的范围边界和计算方法，以及研究假设条件是什么，在实际的项目评价中很难直接应用。另一部分的研究中，Coltro、Kim 等认为水库排放是大坝生命周期中最主要的排放源，只考虑了水库的排放问题[93,94]，图 1.10 是 Pacca 的研究结果，指出相对于水库的排放量，大坝建设的其他过程可以不考虑，只进行了简单的估算。但这些对水库排放的研究主要集中在热带区域，我国的水库大多处于亚热带地区，产生的温室气体会明显减少[95,96]，所以上述研究中对大坝建筑物本身的碳排放量一直被低估[97]。

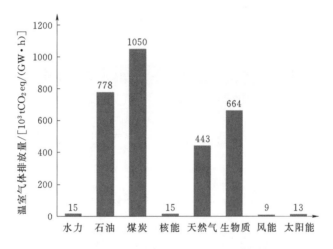

图 1.9　不同的能源生产方式的环境表现

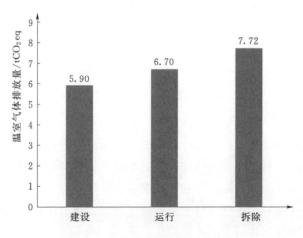

图 1.10　各阶段的排放评价结果

然而随着混凝土大坝的快速发展,学者们意识到大坝建设集中在一段时间内完成,消耗大量的材料和机械设备,是碳排放密集的过程,需要建立一个标准的方法去广泛评估其环境影响。但由于缺少大坝建设排放清单数据库,该阶段的研究还很有限。Pacca 和 Horvath 在 2002 年初步研究了格伦峡谷水电工程水电工程生命周期排放,但只限于对材料总量的评估,没有考虑具体的建设过程、运行、维修和报废阶段的排放量[98]。Zhang 等指出了在大坝评价的时候,需要从原材料的获取生产、运输、建设安装、运行,维修、报废等阶段来进行评价。在研究中收集了水电站建设材料、设备、运行、维护阶段的成本数据,使用 EIO - LCA 的方法,基于美国 1992 年的投入产出表评估了我国的两座大坝。在计算材料生产的碳排放时,直接使用主要的建筑材料总投资进行环境评价;在使用和维修阶段采用假设的投资金额,直接利用美国的投入产出表,进行简单的计算[99],结果存在较大的偏差。Gu 等也采用了相似的 EIO - LCA 方法和步骤评价了水电项目的环境影响[100],结果的误差也较大。

在上一节的分析中可知,EIO - LCA 是一种数据高度集成的方法,代表了整个地区的平均经济情况,不适用于评价单独的建设项目或者评价相同建设项目中的不同建设方法的效益,不利于为后续的决策提供支持[81]。例如,在同一个建设项目中评价两种不同的建设技术,如果两种技术在某一阶段的总投资额度一定,则采用这种方法计算出来的环境影响也是相同的,无法体现出建设技术的过程差异,难以让决策者确定应该选择哪种建设方法,而且投入产出法不能给出过程管理的数据,承包商也很难量化建设过程的碳排放量,难以找到减排的动力支持。从投入产出表来看,目前国内的投入产出表中的部门分类不是很具体,水利工程在投入产出表中还没有单独列出,采用 Zhang 的方法计算时只能代表工民建、基础设施等整个建设领域的平均水平,不适用于评价单独的混凝土建设项目,而且美国的投入产出表的部门划分和我国的部门划分也有较大的区别[101],想要直接利用还需要进行一些专门的工作[102]。所以直接采用投入产出法评价混凝土大坝生命周期的碳排放量、比较各类筑坝技术是不可行的,需要基于现有的评价方法建立一套评价模型进行碳排放研究。

1.2.3 离散事件模拟法在碳排放评价中的应用

在生命周期各阶段中,建设过程是动态变化和承包商唯一可控的,是和碳排放的过程管理直接相关的。在设计确定了筑坝方案后,承包商只能在建设过程阶段通过有效的管理优化建设方案,实现减排,以满足建设过程的排放量控制需求[103]。一直以来,建设过程的碳排放量都一直被忽略和低估[39,75,88,104]。在 Bilec 的研究中,系统分析了建设过程的特点,提出了评价模型,见图 1.11。

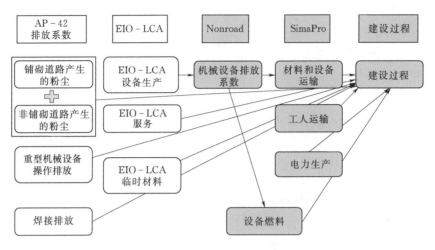

图 1.11　Bilec 的评价模型

在 Bilec 的耦合评价模型中，可以看出现场机械设备的耗油、耗电量是建设过程的主要组成部分，主要是基于 SimaPro、美国现有的数据库 Nonroad 和美国能源部的 AP - 42 中的排放系数进行过程分析。在设备制造和临时服务部分等主体房屋建筑的附属部分，采用 EIO - LCA 进行分析。然而 Bilec 的分析和 Cass 等的研究相同，只限于在建设过程能源总量可获得的情况下，静态分析各类机械设备的燃油量。而在动态建设的过程中，这个数量是随着建设方案的变化而变化的。Löfgren 和 Tillman 在研究中指出生命周期评价的方法基于静态的评价，在建设操作过程中，随着机械设备工作时间相互影响，不能动态实时地反映机械设备间平行、重复、交叉的过程，难以实时评价不同的建设方案[105]。Ahn 和 Lee 的研究进一步指出动态评价建设操作过程的碳排放量是研究成本、进度和排放关系的主要过程[106]。

因此，实现碳排放的过程管理，要采用其他研究方法反映建设过程的动态变化特点，评价不同的建设方案下的排放情况，González 和 Echaveguren 等在道路建设过程环境评估框架考虑使用离散事件模型[107]。离散事件模拟（discrete event simulation，DES）方法是一个可以用来定量分析评价建筑物操作和运行过程的有效工具[108,109]，该方法将整个建设活动分解成单独的离散事件，事件的状态不具有连续性，每个事件具有自己独立的开始、运行和结束时间，所有的事件相互协调，从而得到最优化的事件组合过程[110]。可以用来评价和优化不同建设方法，有利于直观地展示新方法的施工过程[111,112]，阐述变量相互影响，在各个时间节点上得到项目的整体表现。

Pan 在研究中通过使用 CAT 油量检测设备以及美国能源部中耗油和排放间关系系数得到机械设备各种工作状态下的耗油和排放量，结果见表 1.2[103]。

表 1.2	各种工作状态的碳排放系数[103]			
卡车工作状态	燃料燃烧速率/(g/h)		CO₂ 排放因子/(kg/h)	
	收集到的数据	LCA	收集到的数据	LCA
装载	0.2	11.42	1.9	148.25
运输	9.9	11.42	94.1	148.25
卸货	5.325	11.42	50.6	148.25
返程	14.1	11.42	134.1	148.25
排队等待	0.2	11.42	1.90	148.25
连接	4.1	11.42	38.8	148.25

可以看出如果简单采用生命周期的评价方法，评价机械设备不同工作状态下的碳排放量，结果是相同的，结果与真实的碳排放量相差很大，特别是在机械设备处于等待的状态时，结果相差了 100 多倍，而且没有办法区分机械设备的工作状态。虽然采用油量检测设备记录每台机械的耗油量、然后计算碳排放量，可以定量准确地评价每种机械设备在每个工作状态时的碳排放量，但需要花费很高的设备购置和检测成本。

Lewis 等将建设过程中的机械设备的工作状态简单分为操作和待工两种，通过分析 7 类 34 种型号机械设备在这两种工作状态下的碳排放量，计算两个状态间的碳排放系数[113]，为客观评价建设过程的碳排放提供了可能。以此研究为基础，在过程优化分析中，计算每种机械设备真实的工作时间，包括操作时间和待工时间两部分，然后结合生命周期得到的能源消耗的排放系数，以及已有研究中关于操作和待工时间的排放系数比例，计算每种建设方案下的碳排放量，从而为碳排放的过程管理提供支持（图 1.12）。

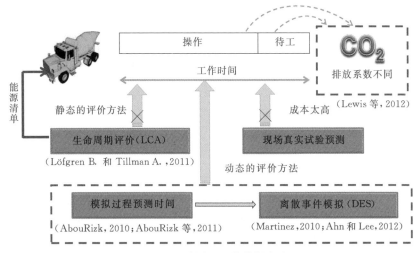

图 1.12　建设过程的分析方法

从图 1.12 中分析可以看出，静态的生命周期评价方法无法得到机械设备真实的工作时间，而现场真实的试验预测成本很高，且很难实施。通过离散事件方法模拟建设过程，预测设备真实的操作和待工时间，可以帮助建设管理者更好的分析和优化操作过程[114]。已有的研究主要还是应用 DES 模型分析建设活动的成本或者进度表现，关于排放表现分析以及对排放、进度和成本间关系的全面分析还很少。研究主要集中在单独的建设活动上，在比较各类建设方法以及评价复杂的建设过程中的排放、成本和进度上的总体表现还需要进一步研究分析[115]。在设计规划阶段，决策者目前更多考虑的是成本和进度要素，但方案并不一定能保证排放的良好表现。González 和 Echaveguren 指出未来在离散事件模拟的基础上建立全面的动态评价的方法，进一步综合考虑排放、成本和进度的关联性[107]。

1.2.4　水电项目碳交易机制

碳交易是为促进全球温室气体减排，减少全球二氧化碳排放所采用的市场机制。《京都议定书》把市场机制作为解决二氧化碳为代表的温室气体减排问题的新路径，即把二氧化碳排放权作为一种商品，从而形成了二氧化碳排放权的交易，简称碳交易。碳交易的经济学基础是科斯定理，罗纳德·科斯认为只要在初始产权明确且交易成本极小的前提下，当事人就可以通过自由谈判的形式进行交易，从而通过市场实现资源的最优化配置。科斯定理的前提包括两条：一是产权明确，《京都议定书》通过确定各个缔约国的温室气体排放限额（AUU）来明确各国对温室气体排放的产权；二是交易成本极低，各缔约国为尽可能地降低交易成本，在世界范围内建立了碳交易市场，使得国内和国际各企业可以尽可能花费较少的成本进行碳排放权的交易。

1.2.4.1　碳交易的分类

科斯定理是通过市场发挥调节作用，解决温室气体的排放问题，与政府主导的强征税收相比更加有效。国际社会大多选择遵从科斯定理的指导建立碳交易市场来实现碳排放额度在企业间的二次分配，达到各国温室气体排放的总量控制。根据《京都议定书》的规定，碳交易主要分为 3 种类型，即发达国家和发展中国家的清洁发展机制、发达国家与经济转型国家间的联合履约和发达国家间的国际排放贸易。

（1）发达国家和发展中国家间的清洁发展机制（CDM）。CDM 是发达国家与发展中国家之间通过项目合作完成的一种碳交易形式，发达国家通过资金投资或提供技术支持的形式与发展中国家展开合作，共同建设具有温室气体减排效果的项目。项目建成后，发达国家从中获取该项目能够产生的部分或者全部的温室气体减排份额，以此来抵消其本国的温室气体排放，由此产生的份额在清洁发展机制中被称为"经核实的减排额度"（certified emission reductions，CERs）。

（2）发达国家与经济转型国家间的联合履约（JI）。JI是各个缔约国之间通过项目合作的一种碳交易形式。某一个缔约国可以在监督委员会的监督下通过减除自己的"分配数量"配额（AAU），而将其减除的部分即减排单位（ERU）转让给另一缔约国的行为。

（3）发达国家间的国际排放贸易（IET）。IET是在各缔约国之间通过交易的形式来完成的一种碳排放权的转让，缔约的发达国家之间可以通过相互交易转让其自有的"分配数量"配额（AAU）。

《京都议定书》签署之后，各缔约国的温室气体排放限额（AAU）成为了一种相对稀缺的资源，这种稀缺性使得碳排放权具有了商品的属性。温室气体会长期稳定地对全球环境产生影响，各国的减排成本不同且具有可替代性，因此温室气体的排放配额在各国间的经济价值不同，为温室气体排放配额的交易提供了经济学基础，以温室气体配额为交易对象的碳排放权交易市场应运而生。

1.2.4.2 国内外碳交易市场

2003年，澳大利亚建立了第一个碳交易市场——新威尔士州碳交易市场，随后，欧盟碳交易市场、加拿大艾伯特碳交易市场、瑞士碳交易市场、美国区域温室气体减排行动、日本东京碳交易市场、英国碳减排协定等碳交易市场也相继建立。2011年10月，国家发展和改革委员会印发《关于开展碳排放权交易试点工作的通知》，批准北京、上海、天津、重庆、湖北、广东和深圳等地开展碳交易试点工作。2013年6月18日，深圳碳排放权交易市场率先启动交易。2017年，国务院《关于印发"十三五"控制温室气体排放工作方案的通知》指出要建设和运行全国碳排放权交易市场。

首先要建立全国碳排放权交易制度。出台《碳排放权交易管理条例》及有关实施细则，各地区、各部门根据职能分工制定有关配套管理办法，完善碳排放权交易法规体系。建立碳排放权交易市场国家和地方两级管理体制，将有关工作责任落实至地市级人民政府，完善部门协作机制，各地区、各部门和中央企业集团根据职责制定具体工作实施方案，明确责任目标，落实专项资金，建立专职工作队伍，完善工作体系。制定覆盖石化、化工、建材、钢铁、有色、造纸、电力和航空等8个工业行业中年能耗1万吨标准煤以上企业的碳排放权总量设定与配额分配方案，实施碳排放配额管控制度。对重点汽车生产企业实行基于新能源汽车生产责任的碳排放配额管理。

其次要启动运行全国碳排放权交易市场。在现有碳排放权交易试点交易机构和温室气体自愿减排交易机构基础上，根据碳排放权交易工作需求统筹确立全国交易机构网络布局，各地区根据国家确定的配额分配方案对本行政区域内重点排放企业开展配额分配。推动区域性碳排放权交易体系向全国碳排放权交易市场顺利过渡，建立碳排放配额市场调节和抵消机制，建立严格的市场风险预警与防控机制，逐步健全交易规则，增加交易品种，探索多元化交易模式，完善企业上线交易条件，2017 年启动全国碳排放权交易市场。到 2020 年力争建成制度完善、交易活跃、监管严格、公开透明的全国碳排放权交易市场，实现稳定、健康、持续发展。

最终要强化全国碳排放权交易基础支撑能力。建设全国碳排放权交易注册登记系统及灾备系统，建立长效、稳定的注册登记系统管理机制。构建国家、地方、企业三级温室气体排放核算、报告与核查工作体系，建设重点企业温室气体排放数据报送系统。整合多方资源培养壮大碳交易专业技术支撑队伍，编制统一培训教材，建立考核评估制度，构建专业咨询服务平台，鼓励有条件的省（自治区、直辖市）建立全国碳排放权交易能力培训中心。组织条件成熟的地区、行业、企业开展碳排放权交易试点示范，推进相关国际合作。持续开展碳排放权交易重大问题跟踪研究。

1.2.4.3　水电项目的碳交易

电力工业的碳排放在全国总排放量中占有重要的位置，直接影响着中国未来碳减排总体目标的实现。在国家层面上已经颁布了相关文件，明确指出要积极消纳清洁能源，并运用利益补偿机制开拓市场空间。水电作为低碳、优质的清洁能源，相比火电项目可以带来巨大的减排效益。陈强等指出四川外送水电给受电地区带来的碳减排效益补偿可以通过碳交易市场进行合理化，达到双赢的效果。根据统计信息，四川有超过 1.6 亿 kW 的水力能源蕴含量，位列全国第二位，技术年发电量分别为：华北区域电网 37 亿 kW·h、华东区域电网 897 亿 kW·h、华中区域电网 157 亿 kW·h，西北区域电网 25 亿 kW·h。2020 年总装机容量达到 9000 万～9500 万 kW。届时，外送水电可节约原煤近 1.7 亿 t，减少碳排放与 6.4 亿 t，极大减轻了中东部受电区的减排压力[116]。我国的小水电项目参与了大量 CER 和 CCER 认证，每年通过碳额销售的利润可观，在创造减排效益的同时创造了大量的经济效益，为项目开发业主提供了经济动力。但大中型水电站项目由于缺少相应的碳交易方法学，还难以科学核算能源替代和低碳技术产生的碳交易额，进入到国内外碳交易市场中交易。

1.2.5　研究的不足之处及解决思路

从上述的分析可以看出，生命周期评价方法是静态分析碳排放评价的有效途径，在普通商业、住宅建设物的评价中已被广泛采用。通过分析已有商业建筑评价体系的特点，指出了该评价体系不适用于大坝建筑物，在开展混凝土大坝碳排放研究时，要重新根据 LCA 评价框架步骤，确定碳排放要素，建立清单进行分析。然后结合建筑评价分析了生命周期评价的过程，总结了目前在确定范围边界和清单建立方面的研究，比较了过程分析和投入产出两种方法的优势和不足，以及综合两种方法的评价研究进展。在此基础上，阐述了大型基础建设项目的碳排放评价过程和水电项目生命周期排放的研究，分析了已有评价方法的不足。最后结合离散事件模拟方法，评价了建设过程排放表现的研究情况。

（1）结合上述分析，混凝土大坝碳排放研究中存在以下问题。

1）混凝土大坝生命周期的碳排放影响要素不明确。

2）基于碳排放各要素的清单研究较少。

3）需要建立一套评价模型，比较各类筑坝技术的碳排放量，实现碳排放的过程管理。

4）建设过程的研究一直被低估，单独的生命周期方法难以在设计施工阶段预测动态建设过程中的真实碳排放量，不利于建设方案的比较。

5）缺少建设过程优化的决策指标，方案优化过程中排放和成本、进度间的关系不明确。

（2）针对上述研究中存在的问题，本书重点解决以下关键问题。

1）明确混凝土大坝生命周期碳排放要素，建立碳排放清单。

2）建立混凝土大坝生命周期碳排放评价模型。

3）将离散事件模拟方法耦合到生命周期评价体系中，动态评价建设过程的碳排放量，实现碳排放的过程管理。

4）在方案优化的过程中，揭示排放和成本、进度间的变化关系。

根据上述提出了研究框架，见图 1.13。

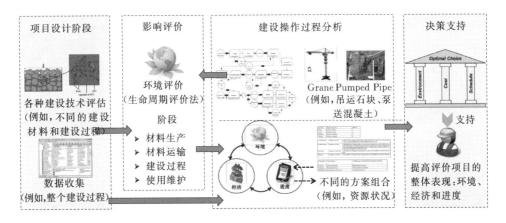

图 1.13　研究框架

本书将基于项目的设计和建设阶段，提出一套混凝土大坝生命周期碳排放评价模型，通过调研收集数据，采用生命周期和离散事件模拟相耦合的方法评价在使用各种建设筑坝技术时，混凝土大坝生命周期各阶段的碳排放量，并在建设过程中比较和优化各类筑坝方案，揭示排放和成本、进度间的变化关系，并结合碳排放交易机制，为提高建设项目的整体表现提供决策支持。

1.3　研　究　内　容

1.3.1　研究目标

　　根据上述背景的分析，本书以混凝土大坝生命周期的碳排放量为研究对象，考虑工程建设过程中的材料消耗和机械设备运行的真实状态，提出混凝土大坝生命周期碳排放评价方法，建立碳排放清单，对比常规混凝土、碾压混凝土和堆石混凝土筑坝技术生命周期的碳排放量，以明确生命周期中碳排放的主要来源，提供有效的减排措施，评价和比较各项建设方案的排放表现，分析排放和成本、进度的关系，为优化施工工艺，实现碳排放的过程控制，为建立大中型水电站项目碳排放交易方法学，减少混凝土大坝生命周期碳排放量提供合理化的建议和决策支持。

　　为了实现这一目标，具体分为以下几个步骤，见图 1.14。

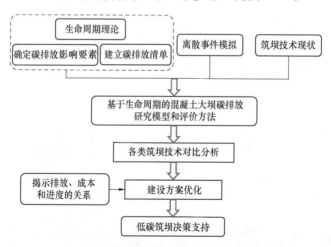

图 1.14　研究目标实施步骤

　　如图 1.14 所示，第一步分析生命周期、离散事件模拟理论和国内主要的混凝土筑坝技术现状；第二步确定碳排放的影响要素，建立碳排放的清单；第三步提出基于生命周期的混凝土大坝碳排放研究模型和评价方法；第四步结合工程案例分析，评价各类筑坝技术下的混凝土大坝生命周期的碳排放量，确定主要的碳排放源和低碳技术减排优势；第五步研究优化建设过程中的排放表现，揭示排放、成本和进度间的变化关系，实现排放的过程控制；第六步通过案例分析结果，提出混凝土大坝生命周期的减排途径，为低碳筑坝提供科学依据。

1.3.2 研究技术路线

根据上述的研究目标框架，研究内容的技术路线见图 1.15。

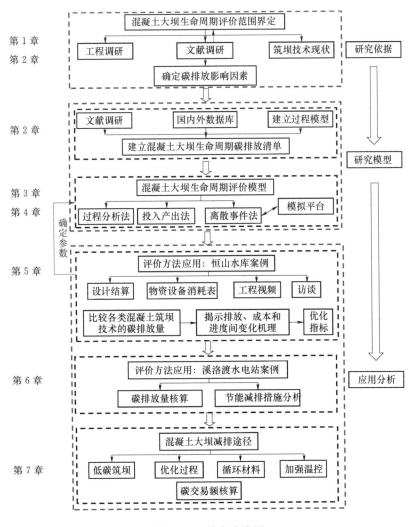

图 1.15 技术路线图

1.3.3　主要研究内容

根据上述的技术路线，具体的研究内容如下。

第 1 章主要分析课题的背景意义，提出研究目标，针对研究目标开展文献调研，分析课题相关的研究进展，总结研究中存在的问题，提出解决思路和技术路线。

第 2 章主要基于生命周期评价的理论，确定生命周期评价的研究边界，然后采用迪氏对数指标分解法分析生命周期评价中的功能单位，对比 3 种混凝土筑坝技术的特点。书中选取了 6 家单位作为调研对象，以 14 个工程案例作为分析案例。调研方式包括文献调研、数据库调研和工程资料调研 3 个部分，其中工程调研的数据采集方法分为收集设计和结算资料、物资设备消耗统计表，拍摄和搜集工程视频资料和高层访谈等，并分析了采用每种方法调研获得的内容及其在研究中的用途。基于碳排放要素确定原则和调研的数据资料，确定混凝土大坝生命周期的碳排放影响要素，接着结合国内外数据库和 IPCC 指南，在 eBalance 软件中建立过程模型，提出混凝土大坝生命周期的碳排放清单，为评价混凝土生命周期碳排放量提供研究依据。

第 3 章主要提出了基于生命周期的混凝土大坝碳排放评价计算模型，分析了该评价模型各部分在评价各类筑坝技术，优化建设方案，实现碳排放过程管理，提供决策支持中的意义。并分析了模型中用到的过程分析法、投入产出法和离散事件法的评价过程。然后根据第 2 章建立的混凝土大坝生命周期碳排放清单，结合工程案例的调研结果，提出了生命周期各阶段碳排放评价计算方法。

第 4 章基于离散事件模拟提出混凝土大坝建设过程碳排放量的计算方法。根据离散事件模拟方法的流程图，结合溪洛渡工程案例的调研资料，按照模型建立、参数输入、模型验证和结果解释几个步骤，在 Stroboscope 平台上评价和分析建设过程的碳排放量。将模拟机械设备工作的时间、模拟工程的进度，分别和真实的观测时间和进度结果相对比，并将碳排放计算结果进行对比讨论，验证了离散事件模型的可靠性和必要性。然后提出了排放、成本和进度表现的评价方法，并结合堆石混凝土恒山和围滩工程中 3 个变量随工期的变化趋势，分析了 3 个变量的影响因素，指出了在建设方案优化过程中采用相关分析法和典型分析法分析 3 个变量相互关系的必要性，为优化建设过程，实现碳排放过程控制提供理论依据。

第 5 章结合实际的工程案例，通过调研设计结算资料、物资设备消耗表，拍摄工程视频和访谈等数据采集方法，分析收集的数据内容，进行基于生命周期的混凝土碳排放评价模型的应用分析。首先选取恒山工程案例，分别在材料生产、材料运输、建设过程、运行维护 4 个阶段，对比分析常规混凝土和堆石混凝土两种筑坝设计方案的碳排放量。在比较低碳筑坝技术的减排优势后，利用建立的离散事件模型，针对堆石混凝土技术进行方案的优化，并在减排方案的优化过程中，采用相关分析法和典型分析法揭示各类方案中排放和成本、进度的关联关系，确定建设过程的优化指标，为实现排放过程管理，提高项目的整体表现提供支撑。然后结合 14 个调研的工程案例，根据基于生命周期的混凝土大坝评价计算模型进行碳排放量对比分析，基于真实的设计方案和建设过程数据，比较常规混凝土、碾压混凝土和堆石混凝土 3 种筑坝技术浇筑单方混凝土的碳排放量。通过分析各筑坝技术单方碳排放量，建立各种技术的碳排放衡量区间，从而得到低碳筑坝技术和常规筑坝技术的差距。

第 6 章选取溪洛渡水电站工程项目为案例，重点分析材料生产阶段和机械设备运行阶段的碳排放量，并根据工程量统计分析情况，计算各施工项目类型的碳排放系数，按年度核算总排放量。然后针对施工阶段采取的浇筑管理措施、交通规划措施、混凝土生产及制冷措施、智能通水冷却措施、环保施工技术措施等进行节能减排分析。

第 7 章根据案例分析，提出基于生命周期实现混凝土大坝减排的有效途径。从采取低碳筑坝技术、优化施工方案、循环利用废弃材料、加强温控措施和建立碳交易额方法学等方面提出了减少大坝生命周期碳排放量的途径，为水电企业实现低碳筑坝提供政策支持，为绿色大坝的设计建设提供依据。

第 8 章是研究的总结和展望。阐述了主要的研究成果、研究的贡献和创新点，并指出研究中的局限性，对未来的研究进行展望。

第 2 章　基于生命周期的混凝土大坝碳排放清单

本章首先基于生命周期评价的理论，在分析文献调研结果和研究目标的基础上，确定生命周期评价的研究边界，然后采用迪氏对数指标分解法分析了生命周期评价中的功能单位，对比了 3 种混凝土筑坝技术的特点。在调研设计中，选取了 6 家单位作为调研对象，以 14 个工程案例作为分析案例。调研方式包括文献调研、数据库调研和工程资料调研 3 个部分，其中工程调研的数据采集方法分为收集设计和结算资料、物资设备消耗统计表，拍摄和收集工程视频资料和高层访谈等，并分析了采用每种方法调研获得的内容及其在研究中的用途。基于碳排放要素确定原则和调研的数据资料，确定混凝土大坝生命周期的碳排放影响要素，接着结合国内外数据库和 IPCC 指南，通过修改数据库中系数，在 eBalance 软件中建立过程模型，提出混凝土大坝生命周期的碳排放清单，为评价混凝土生命周期碳排放量提供研究依据。

2.1　生命周期评价的研究边界

2.1.1　确定生命周期评价的阶段

根据国际标准化组织 2006 年发布的生命周期评价方法学，生命周期评价的框架分为 4 个部分，包括确定目标和范围定义、清单分析、影响评价、结果解释[23]。

本章研究的目标是评价各类混凝土筑坝技术的碳排放量，为低碳技术的选择提供决策支持。混凝土大坝生命周期的范围见图 2.1。

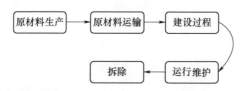

图 2.1　混凝土大坝生命周期的范围

研究边界包括从筑坝原材料生产、原材料运输、建设过程、运行维护和拆除 5 个阶段。然而在实际的情况中，当一座大坝运行了几十年后，当地的生态环境已经通过自身改变适应了大坝的存在；如果将大坝突然拆除，会很大程度地改变周围的环境。为了保护当地的生态系统，大多数大坝都会留在原处，作为旅游景观或者历史遗迹保存，在生命周期评价中可以不考虑大坝拆除这个阶段[99]。在大坝运行和维护阶段，只考虑大坝建筑物本身建设和维护阶段的排放量。至于水库的温室气体排放，已有研究指出这部分的甲烷碳排放量由于受到当地地理环境、植被和淹没土壤类型等多种因素的影响，缺少在不同区域和时空的温室气体排放速率的数据库[117]，如何去客观定量评价这部分的排放量一直在争议中。现阶段已经有学者专门针对水库建坝前河流温室气体的排放方面开展研究，尝试建立公认的评价方法[96]，但还需要开展更深入的研究[95]。而在研究案例中，在水库蓄水之前，都会在清库的工作中清理将被淹没的植被，以降低未来的甲烷排放量[118]，所以这部分的温室气体排放不在研究评价的范围中。已有研究表明兴建水库会提高当地的气候湿润度，改善当地的气候，有利于陆地生态系统的发展，从而提高碳吸收量[119]。也有研究指出可以通过将二氧化碳压入水库底部储存实现碳捕捉，但这仅仅是技术上可行，在这个过程中会消耗大量的能源，产生进一步的污染[120]，而且这些碳排放变化量不会受筑坝技术的选择或者筑坝结构而影响，所以本研究也不考虑这部分的变化量。因此根据上述的分析，本书的研究范围见图 2.2。

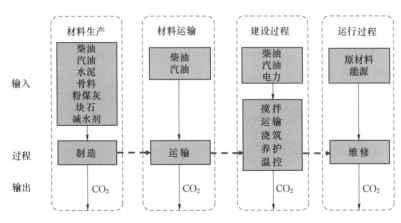

图 2.2　研究范围

根据图 2.2 可以看出，研究范围主要包括材料生产、材料运输、建设过程和运行过程 4 个阶段。其中，在原材料生产阶段，主要考虑各种原材料生产过程的碳排放量，包括水泥、骨料、粉煤灰、块石、减水剂等的生产和制造过程；在材料运输阶段，主要是机械设备运输消耗柴油、汽油等的碳排放量；在建设过程阶段，主要是现场施工设备在混凝土搅拌、运输、浇筑、养护以及采取温控措施中的耗油耗电量；在运行维护阶段，同样要消耗原材料和使用机械设备，涉及能耗带来的碳排放量。

2.1.2　生命周期评价的功能单位

ISO 中关于生命周期评价功能单位的定义为："功能单位是对评价的系统输出功能的量度，界定功能单位的基本作用为评价输入输出提供参照的基准，从而保证生命周期评价结果的可比性[23]"。所以在评价混凝土大坝生命周期的碳排放量时，需要首先明确大坝实际的功能，防洪、发电、灌溉、供水等。进而根据研究目标，对比不同的混凝土筑坝技术的碳排放量，在大坝体积相同时，混凝土消耗量相同，可选择大坝体积作为功能单位。例如水力发电千瓦数或实现调水的立方数等，而且根据研究目标，对比不同的混凝土筑坝技术的碳排放量，在大坝体积相同时，混凝土消耗量相同，所以以大坝体积作为功能单位。

根据确定的功能单位，采用迪氏对数指标分解法（LMDI）的方法进行混凝土大坝生命周期碳排放分析，确定各类混凝土筑坝技术的对比指标，分解的方法为：

$$C = \sum_i C_i = \sum_i Q_i \frac{C_i}{Q_i} = \sum_i Q_i \cdot EF_i \qquad (2.1)$$

式中：C 为各类混凝土筑坝技术的二氧化碳排放总量；C_i 为 i 类混凝土筑坝技术的二氧化碳排放总量；Q_i 为第 i 类混凝土筑坝技术的混凝土浇筑方量；EF_i 为 i 类混凝土筑坝技术单方混凝土的碳排放量。

可以看出，混凝土大坝生命周期总碳排放量被分解成每类混凝土筑坝技术的单方碳排放量乘以相应的筑坝混凝土方量的总和。在混凝土大坝浇筑方量一定情况下，提高单方碳排放量低的筑坝技术比例，可以有效地降低大坝生命周期的总排放量。其中的关键问题就是需要确定混凝土大坝单方碳排放量，所以以此指标评价各类筑坝技术的碳排放情况。

2.1.3　各类混凝土筑坝技术

在混凝土筑坝技术中，主要是以常规混凝土（conventional concrete，Conv. C）和碾压混凝土技术（roller compacted concrete，RCC）为主。相对于常规混凝土施工技术，在原材料配合比上，碾压混凝土技术具有胶凝材料用量低，大量使用掺合料的特点。在施工工艺上两种筑坝技术也有明显的不同。常规混凝土技术在混凝土入仓之后，依靠重型机械设备或者人工振捣使得混凝土密实，见图 2.3（a）；碾压混凝土技术则是依靠振动碾设备压实超干硬性混凝土的筑坝技术，见图 2.3（b）。

堆石混凝土（rock filled concrete，RFC）筑坝技术是在 2003 年由清华大学的金峰教授和安雪晖教授共同发明的一种工艺简单、造价低廉、环境友好的

（a）常规混凝土施工过程　　　　　　　（b）碾压混凝土施工过程

图 2.3　常规混凝土和碾压混凝土筑坝技术

新型筑坝技术[121]，基本机理见图 2.4。首先将满足一定粒径要求的大体积块石或卵石堆积入仓，形成具有一定空隙的堆石体，然后在堆石表面浇筑满足一定工作性能要求的自密实混凝土（self - compacting concrete，SCC），依靠自密实混凝土的自重，流动并填充满堆石体的空隙，形成完整、密实、水化热低，并满足强度要求的混凝土[122,123]。堆石混凝土依靠自密实混凝土的高流动性，大幅提高了大体积骨料的填充体积，在原材料配合比上，与常规混凝土和碾压混凝土具有明显的不同。

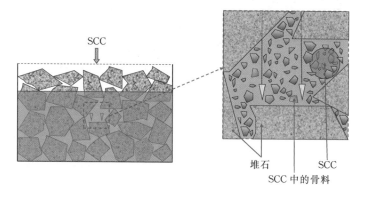

图 2.4　堆石混凝土基本机理

从图 2.4 中可以看出，堆石混凝土由自密实混凝土和大量块石组成，自密实混凝土具有良好的流动性和密实性，在世界上很多的基础设施建设中已被广泛应用[124,125]，但由于自密实混凝土中含有大量的水泥，水化热较高[126]，一直没有在混凝土大坝中直接使用[127]。而堆石混凝土减少了每立方米水泥用量，水化温升较低，温控相对容易，降低了裂缝的可能性[128]。近些年，为了研究堆石混凝土的性能，探索工程应用的情况，开展了一系列的物理性能和耐久性能试验，验证了自密实混凝土具有良好的充填性能[123]，块石和自密实混凝土间的黏结强度足够，堆石混凝土的平均抗压强度要高于或者至少等于其中填充的自密实混凝土强度[129,130]。在近几年 40 多个工程应用中可以看出，堆石混凝土技术建造的大坝可以发挥与常规、碾压混凝土大坝相同的功能，所以可对比评价这 3 种技术的碳排放表现。

堆石混凝土施工工艺主要包含堆石入仓和浇筑自密实混凝土两部分工序组成。在施工过程中，首先利用挖掘机、起重机和自卸汽车等机械设备，必要时辅助以人工，将满足粒径 30cm 以上要求的大体积块石或卵石堆放入仓；然后将在拌和楼生产好的自密实混凝土运至现场，采用挖掘机、起重机或吊罐等设备直接在堆石体表面倒入自密实混凝土，或者利用泵车、地泵等泵送方式浇筑，利用自密实混凝土良好的流动性能，自动填充到堆石体间的空隙中，从而形成良好致密的堆石混凝土[123]。具体的施工过程见图 2.5。

图 2.5　堆石混凝土施工过程

在图 2.5 中可以看出，该工程中自卸汽车经过运输道路，将堆石运至仓面，通过挖掘机和人工摆放平整。然后将搅拌站生产好的自密实混凝土通过起重机吊罐运送到仓面浇筑，自密实混凝土自动流到块石的缝隙中，人工只需要在吊罐旁监控整个浇筑过程即可。整个过程简单有序，减少了混凝土的振捣和碾压环节，有利于施工质量管理。

通过上述的堆石混凝土机理和施工工艺，在图 2.6 中举例说明 3 种混凝土筑坝技术的原材料组成及施工工艺的区别[131]。

可以看出堆石混凝土筑坝技术在施工工艺和原材料组成上具有明显的不同，堆石混凝土在原材料构成中采用大粒径块石，大幅减少了自密实混凝土的使用量，从而减少了原材料的生产和运输量，在施工过程中减少了重型机械设备的使用。

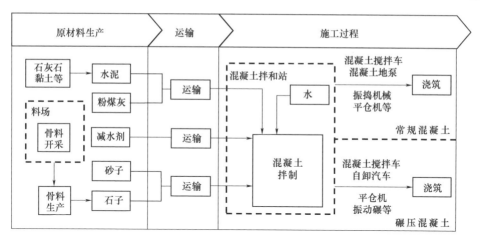

（a）常规混凝土和碾压混凝土技术

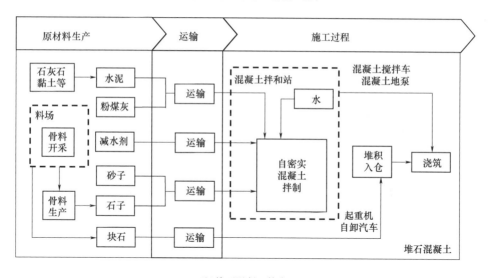

（b）堆石混凝土技术

图 2.6　3 种混凝土筑坝技术的原材料组成和施工工艺状况比较

2.2　调研数据的采集

2.2.1　调研对象

在上述的混凝土筑坝技术的分析中，可以看出，近些年堆石混凝土筑坝技术依靠其工艺简单、造价低廉、环境友好的特点，在国内 40 多个水利水电工程项目中广泛采用，和常规混凝土、碾压混凝土筑坝技术一起，成为了混凝土大坝施工的主要方法。因此在对混凝土大坝生命周期的碳排放研究中，选取常规混凝土、碾压混凝土和堆石混凝土 3 种筑坝技术作为研究对象，通过分析各类筑坝技术原材料组成和施工特点，设计调研的方法和采集数据的清单。在工程调研的过程中，调研对象包括 5 家大型水利水电集团（包括 3 家业主单位，1 家设计单位和 1 家建设施工单位），另外还有 1 家堆石混凝土专业咨询机构。共调研了 14 个工程案例，包括 4 个常态混凝土工程［湖南托口、溪洛渡、富宁谷拉、恒山水库（设计方案）］、6 个碾压混凝土工程（金沙江龙开口、鲁地拉、四川武都、向家坝、龙滩、沙牌）和 4 个堆石混凝土工程［清峪水库、山西围滩、中山长坑水库、恒山水库（采用实施方案）］。

2.2.2　调研方式

为了实现本研究目标，选择的调研方式包括了文献调研、数据库调研，工程资料调研 3 个部分，其中文献调研主要如绪论总结的内容所示，包括了确定研究范围和碳排放要素的原则，以及各类建筑原材料的清单建立方法等，为分析碳排放清单提供理论支持；数据库调研主要包括了欧盟生命周期参考数据库（European Reference Life Cycle Database，ELCD），美国环境保护局（U.S. Environmental Protection Agency，EPA）数据库，日本土木学会（Japan Civil Concrete Committee）数据和中国生命周期参考数据库（Chinese Reference Life Cycle Database，CLCD），分析现有的国内外数据库中原材料清单建立过程。在此基础上调研并试用了生命周期分析软件 Simapro、Analytical 和 eBalance 等。在比较的过程中可以看出 Simapro 和 Analytical 主要内置了国外的数据库，虽然可以方便用户直接建模进行生命周期评价，但数据的地域性很强，主要代表了发达国家的生产工艺过程，难以直接应用到我国的数据分析中，本土化过程中需要进行系数调整研究。相比之下，eBalance 中内置了 CLCD、ELCD 数据库等，可以较好地反映出我国的实际情况，但材料清单相对国外的数据库并不完整，所以在清单分析过程中，可以根据碳排放要素的特点和数据库中现有的数据情况，选择合适的生产过程建立清单。工程资料调研主要是针对各类混凝土大坝的特点收集相关的数据，为建立评价计算模型、进行应用分析等提供基础。

2.2.3　工程资料调研的方法和用途

工程资料调研过程中采集数据的方法主要包括了收集设计和结算报告资料、物资设备消耗统计表、拍摄和搜集工程视频资料和高层访谈等，每种调研方法获得的数据资料文件清单见表 2.1～表 2.4。

表 2.1　　　　　　　　　　　设计和结算报告资料清单

编号	材 料 清 单
1	初步设计书
2	详细设计书
3	施工组织设计文件（包含施工布置图，施工方案，施工机械设备数量、运输距离等）
4	投标文件（包含单价分析表、子单价分析表、投标报价汇总表等）
5	每月进度总结报告
6	结算报告
7	大坝维修和记录报告
8	温度控制技术要求
9	工程量计划和清算报表
10	试验检测周报、月报
11	堆石率

表 2.2　　　　　　　　　　　物资设备消耗统计表清单

编号	材 料 清 单
1	物资使用和购置计划（包括材料预计总量、产地、现存量和地点、使用量等）
2	机械设备清单（包含机械设备种类、型号、荷载、效率、数量等）
3	材料统计台账（包含各类材料的种类、成分检测结果、使用量等）
4	能源统计台账
5	水电供应情况统计表
6	缆机运行报表
7	缆机、侧卸车、拌和楼等设备运行月报
8	能源供应计划、来源统计（工程当地电网构成比例、水泥生产地的电网比例）
9	废弃材料台账
10	可循环利用材料统计表

表 2.3　　　　　　　　　视 频 资 料 清 单

录 制 位 置	数 据 内 容	研 究 用 途
搅拌站	拌和系统	材料计算
	混凝土搅拌过程	离散事件模拟
	混凝土出机过程	离散事件模拟
	骨料预冷措施	温控计算
	混凝土预冷措施	

续表

录 制 位 置	数 据 内 容	研 究 用 途
仓面	混凝土装载过程	离散事件模拟
	仓面作业流程	
	混凝土卸载过程	
	混凝土浇筑过程	
	混凝土平整过程	
	混凝土碾压过程	
	混凝土振捣过程	
	混凝土凿毛过程	
	堆石入仓的过程	
	堆石平整的过程	
	仓面检查的过程	
	混凝土质量检查过程	功能单位确定
	其他使用的主要材料种类	材料计算
	仓面冷却水管布置	温控计算
	仓面温控措施	
	仓面浇筑点布置和浇筑顺序	离散事件模拟
	每一仓的高度	

表 2.4　　　　　　　　　　访 谈 内 容 清 单

编号	访 谈 内 容
1	工程设计总投入包含的内容
2	运行维护期投入的主要用途
3	大坝的维修过程主要的建设活动
4	大坝运行维护阶段的管理和数据记录方式
5	运行维护期投资占总投资的比例
6	业主、设计和承包商建立绿色企业的减排指标情况（如果有，目前的计算方式）
7	各类混凝土大坝运行期的主要坝体裂缝情况
8	各类筑坝技术运行维护期的区别
9	循环利用废弃材料的案例情况
10	建设阶段，成本和进度的管理措施

通过各种调研方法获得的数据内容和用途见表 2.5。

表 2.5 各种调研方法获得的数据内容和用途

编号	数据内容	调研方法	研究用途
1	投标报价汇总表	设计和结算资料	碳排放要素
2	单价分析表	设计和结算资料	碳排放要素
3	材料组分和生产过程	物资设备消耗表	碳排放清单
4	电力、汽油、柴油等能源生产过程	物资设备消耗表	碳排放清单
5	工程量	设计和结算资料	材料评价
6	各类材料的数量	设计和结算资料 物资设备消耗表	材料评价
7	材料和能源消耗总量	结算资料	排放评价
8	设备种类、型号、效率等	物资设备消耗表	运输评价 离散事件模拟
9	各类材料运输距离	设计和结算资料	运输评价
10	工程总投入	设计和结算资料	运行维护评价 计算模型验证
11	大坝的维护措施	访谈	运行维护评价
12	维护阶段记录的数据	访谈	运行维护评价
13	维护阶段的投入	访谈	运行维护评价
14	温控措施	设计和结算资料	温控评价
15	施工现场布置、流程	工程视频资料 设计和结算资料 访谈	离散事件模拟
16	施工机械的数量	工程视频资料 设计和结算资料	离散事件模拟
17	各类机械设备每个事件动作的时间和时间分布	工程视频资料 设计和结算资料	离散事件模拟
18	设备观测时间统计	工程视频资料	离散事件模型验证
19	工程进度	工程结算资料	离散事件模型验证
20	循环利用废弃材料数量	设计和结算资料 物资设备消耗表	循环评价
21	工程控制流域面积、所在地常年的温度	设计和结算资料	确定研究范围

2.3　混凝土大坝碳排放清单

2.3.1　确定碳排放要素

根据尚春静、张智慧等的研究，质量准则、造价准则、能耗准则可以作为确定碳排放要素的 3 个主要原则[26]，即原材料的累计质量和造价占到总的材料质量和造价的 80% 以上，机械设备耗油、耗电的累计量，造价占到总的耗油、耗电量和造价的 80% 以上，累计能耗达到相应阶段能源消耗约 80% 以上。一般的水利水电工程包括了大坝、河岸整治、金属结构安装、机电设备安装、导流洞封堵、上下游围堰等部分。

在碳排放要素的研究中，首先调研 3 种混凝土筑坝技术在应用的 14 个工程案例中的设计资料，见表 2.6 中的投标报价汇总表示例（为了保护企业的商业机密，具体的数据已被删除）。根据表中的统计资料，计算投资总额和各部分工程项目所占的金额比例，以工程投资占总投资 80% 以上的工程部分作为本研究的主体。

表 2.6　投标报价汇总表示例

组　号	分组工程名称	报价金额/元
1	大坝工程	
2	水垫塘、二道坝工程	
3	河岸整治工程	
4	金属结构安装工程	
5	永久机电设备安装工程	
6	消防及给排水管道及管件安装工程	
7	安全监测工程	
8	建筑及一般装修工程	
9	导流洞封堵工程	
10	上游围堰工程	

通过分析发现，大坝工程占据了整个水利水电工程的主要组成部分，而且这部分的工程和混凝土筑坝技术的选择密切相关，是研究评价混凝土大坝生命周期碳排放的关键。

然后继续分析大坝工程设计资料中详细的原材料种类及使用的机械设备种类和型号。根据表 2.7 所示的单价分析表示例（为了保护企业的商业机密，具体的数据已被删除），计算各类材料的质量和价格占总量的比重，以及机械设备总的工作台时数。

表 2.7　　　　　　　　　单 价 分 析 表 示 例

编号	名称及规格	单位	数量	单价/元	合价/元
一	直接工程费	元			
1	直接费	元			
	人工费	元			
	高级熟练工	工时			
(1)	熟练工	工时			
	半熟练工	工时			
	普工	工时			
	材料费	元			
	板枋材	m³			
(2)	钢模板	kg			
	混凝土 C25（二级配）	m³			
	其他材料费	元			
	机械使用费	元			
	混凝土拌制 4×4.5m³	m³			
	缆索起重机吊运混凝土 9m³ 罐	m³			
	塔机 M900 吊运混凝土 6m³	m³			
(3)	布料机	m³			
	振捣器 变频机组 4.5kW	台时			
	风（砂）水枪 2~6m³/min	台时			
	电焊机 直流 30kVA	台时			
	25t 自卸汽车运混凝土 0.5km	m³			
	其他机械使用费	元			
2	其他直接费	%			
二	间接费	元			
1	总部管理费	%			
2	现场项目管理费	%			
3	现场贷款利息	%			
三	利润	%			
四	摊入费	元			
五	税金	%			
	合 计	元			

《水电工程施工机械台时费定额》中各种类型的机械设备单位工作台时相应的耗油耗电量示例见表2.8，根据其计算总的能耗数量，然后根据能耗原则确定碳排放要素。

表2.8　　　　　　　　机械设备单位工作台时的耗油耗电量示例

设 备 样 例	汽油/(kg/h)	柴油/(kg/h)	电力/(kW·h)
混凝土搅拌车（3m³）		10	
混凝土泵车（47m³/h）		9	
混凝土输送泵（50m³/h）			47
混凝土搅拌站（2×1.5m³）			76
颚式破碎机（400mm×600mm）			21
振捣给料机（GZG 70-110）			5
胶带输送机（650mm×100mm）			27
胶带输送机（2×650mm×75mm）			42
空气压缩机（20m³/min）			107
螺旋输送机（250mm×30mm）			5
斗式提升机（250mm×30mm）			6
叶式给料机（φ400×400）			2
自卸车（5t）	7		
起重机（10t）			266
振捣器（2.2kW）		2	
混凝土平仓振捣机（SK 100）		15	
混凝土平仓机（VBH73E HL4 棒）		10	
混凝土振动碾（BW202AD）		12	
推土机（300kW）		45	
载重汽车（10t）		9	
载重汽车（5t）	7		
单斗挖掘机（1.5m³）		20	

　　根据碳排放要素的确定原则，结合上述调研数据，计算得出材料生产阶段

主要考虑的碳排放要素，包括水泥、粉煤灰、砂子、石子、块石、减水剂、钢材、木材以及机械设备工作消耗的柴油和汽油。能源消耗部分需要考虑的碳排放要素包括消耗柴油、汽油和电力产生的排放。

2.3.2 碳排放系数建立方法

在确定了碳排放要素之后，根据 IPCC 在 2006 年发布的《国家温室气体清单指南》中的评价公式进行评价，具体公式为

$$E = \sum_i AD_i \cdot EF_i \tag{2.2}$$

式中：E 为碳排放量；AD_i 为活动水平，即消耗碳排放要素 i 的数量；EF_i 为碳排放系数。

计算总的碳排放量，需要确定碳排放系数 EF，建立碳排放的清单。其中包括原材料生产排放清单和能源消耗排放清单两部分。能源消耗排放清单又分为柴油、汽油以及当地电力生产排放清单 3 个部分。

在确定清单的过程中，参考了欧盟生命周期参考数据库（ELCD），美国环境保护局（EPA）数据库，日本土木学会（Japan Civil Concrete Committee）数据和中国生命周期参考数据库（CLCD），确定水泥、砂子、石子、粉煤灰、块石、减水剂、柴油、汽油等原材料生产碳排放系数，所有的数据库都是基于过程 LCA 的评价方法收集数据，按照 SETAC 给出的流程计算排放系数[23]，并根据工程所在地的能源来源情况，采集现场数据，使用中国生命周期清单数据库（CLCD）[54]，在 eBalance 软件中建立过程，分析能源消耗的碳排放系数。确定各要素碳排放系数的过程见表 2.9。

2.3.3 碳排放系数建立过程

根据亿科环境科技有限公司和四川大学可持续消费与生产研究所共同开发的 eBalance 软件中的步骤计算碳排放清单。以山西省的电力排放为例，首先建立过程图，见图 2.7。

可以看出当地的电力主要包括了水电和火电两个部分，其中碳排放量主要来自于火力发电，包括了煤炭开采和运输阶段的碳排放和发电过程中的碳排放。根据图 2.7 和图 2.8 给出的各部分的碳排放系数，电力生产的碳排放系数计算过程见式（2.3）～式（2.5）：

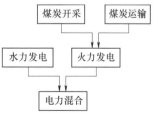

图 2.7 混合电力组成图

$$E_g = 1133\text{gCO}_2 \times 0.85 = 963.05\text{gCO}_2 \qquad (2.3)$$

$$E_e = 330\text{gCO}_2 \times 0.56 = 184.8\text{gCO}_2 \qquad (2.4)$$

$$E_t = 118\text{gCO}_2 \times 0.1 = 11.8\text{gCO}_2 \qquad (2.5)$$

通过上述计算分析可以看出，火电发电过程中的碳排放量是当地电网碳排放因子的主要组成部分，分布见图2.9。

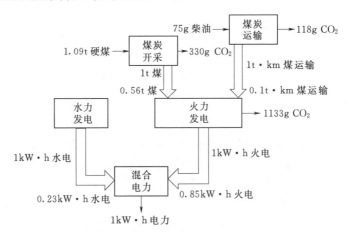

图 2.8　发电过程各部分的碳排放系数

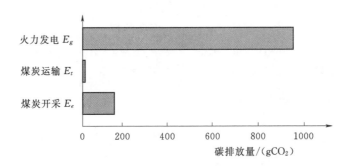

图 2.9　发电 1kW·h 各组成部分的碳排放量

实际混合电力（当地上网电力的累加减去损失的电力）1kW·h 的发电碳排放因子为

$$EF_{\text{electricity}} = E_g + E_e + E_t = 963.05\text{gCO}_2 + 184.8\text{gCO}_2$$
$$+ 11.8\text{gCO}_2 = 1159.65\text{gCO}_2$$

$$(2.6)$$

所以电力生产过程中的碳排放因子约是 1.16kgCO$_2$/(kW·h)。碳排放系数计算依据见表2.9，最后建立的碳排放系数见表2.10。

表 2.9　碳排放系数计算依据

碳排放系数		堆石混凝土工程				碾压混凝土工程					常态混凝土工程				
		清峪	围滩	中山	恒山	龙开口	武都	向家坝	龙滩	沙牌	鲁地拉	托口	溪洛渡	谷拉	恒山
材料生产	水泥/(tCO₂/t)	●	●	●	●	●	●	●	●	●	●	●	●	●	●
	砂子/(tCO₂/t)	▲	▲	▲	▲	▲	▲	▲	▲	▲	▲	▲	▲	▲	▲
	石子/(tCO₂/t)	▲	▲	▲	▲	▲	▲	▲	▲	▲	▲	▲	▲	▲	▲
	粉煤灰/(tCO₂/t)	√	√	√	√	√	√	√	√	√	√	√	√	√	√
	块石/(tCO₂/t)	▲	▲	▲	▲	—	—	—	—	—	—	—	—	—	—
	减水剂/(tCO₂/t)	√	√	√	√	√	√	√	√	√	√	√	√	√	√
	引气剂/(tCO₂/t)	√	√	√	√	√	√	√	√	√	√	√	√	√	√
	钢筋/(tCO₂/t)	▲	▲	▲	▲	▲	▲	▲	▲	▲	▲	▲	▲	▲	▲
	木材/(tCO₂/t)	▲	▲	▲	▲	▲	▲	▲	▲	▲	▲	▲	▲	▲	▲
	汽油/(tCO₂/t)	▲	▲	▲	▲	▲	▲	▲	▲	▲	▲	▲	▲	▲	▲
	柴油/(tCO₂/t)	▲	▲	▲	▲	▲	▲	▲	▲	▲	▲	▲	▲	▲	▲
能源消耗	汽油/(tCO₂/t)	●	●	●	●	●	●	●	●	●	●	●	●	●	●
	柴油/(tCO₂/t)	●	●	●	●	●	●	●	●	●	●	●	●	●	●
	电力/[kgCO₂/(kW·h)]	●	●	●	●	●	●	●	●	●	●	●	●	●	●

注　●代表根据 IPCC 指南，确定参数后在 eBalance 软件中计算；▲代表利用欧盟生命周期参考数据库（ELCD）数据库，修改条件后计算；√直接应用数据库和文献中的清单数据。

表 2.10

碳 排 放 系 数 一 览 表

碳排放系数		堆石混凝土工程				碳压混凝土工程							常态混凝土工程		
		清峪	围滩	中山	恒山	龙开口	武都	向家坝	龙滩	沙牌	鲁地拉	托口	溪洛渡	谷拉	恒山
材料生产	水泥 /(tCO₂/t)	0.862	0.862	0.824	0.862	0.776	0.755	0.755	0.797	0.755	0.776	0.841	0.755	0.776	0.862
	砂子 /(tCO₂/t)	0.0023	0.0023	0.0023	0.0023	0.0023	0.0023	0.0023	0.0023	0.0023	0.0023	0.0023	0.0023	0.0023	0.0023
	石子 /(tCO₂/t)	0.0131	0.0131	0.0131	0.0131	0.0131	0.0131	0.0131	0.0131	0.0131	0.0131	0.0131	0.0131	0.0131	0.0131
	粉煤灰 /(tCO₂/t)	0.0179	0.0179	0.0179	0.0179	0.0179	0.0179	0.0179	0.0179	0.0179	0.0179	0.0179	0.0179	0.0179	0.0179
	块石 /(tCO₂/t)	0.0016	0.0016	0.0016	0.0016	—	—	—	—	—	—	—	—	—	—
	减水剂 /(tCO₂/t)	3	3	3	3	3	3	3	3	3	3	3	3	3	3
	引气剂 /(tCO₂/t)	3	3	3	3	3	3	3	3	3	3	3	3	3	3
	钢筋 /(tCO₂/t)	1	1	1	1	1	1	1	1	1	1	1	1	1	1
	木材 /(tCO₂/t)	0.0256	0.0256	0.0256	0.0256	0.0256	0.0256	0.0256	0.0256	0.0256	0.0256	0.0256	0.0256	0.0256	0.0256
	汽油 /(tCO₂/t)	0.229	0.229	0.229	0.229	0.229	0.229	0.229	0.229	0.229	0.229	0.229	0.229	0.229	0.229
	柴油 /(tCO₂/t)	0.139	0.139	0.139	0.139	0.139	0.139	0.139	0.139	0.139	0.139	0.139	0.139	0.139	0.139
能源消耗	汽油 /(tCO₂/t)	3.15	3.15	3.15	3.15	3.22	3.22	3.22	3.22	3.22	3.22	3.15	3.22	3.22	3.15
	柴油 /(tCO₂/t)	3.06	3.06	3.06	3.06	3.18	3.18	3.18	3.18	3.18	3.18	3.06	3.18	3.18	3.06
	电力 /[kgCO₂/(kW·h)]	1.16	1.16	0.95	1.16	0.92	0.91	0.91	0.94	0.91	0.92	0.98	0.91	0.92	1.16

注　根据汽油、柴油和电力的排放系数，确定运输施工过程各项机械设备单位台班的碳排放系数。

40

2.4 方 法 小 结

本章根据生命周期评价的标准化要求，首先确定了混凝土大坝生命周期的碳排放研究边界和评价的阶段，包括材料生产、材料运输、建设过程和运行维护 4 个阶段；将整个大坝结构作为生命周期的功能单位进行研究，根据指标分解的方法，提出了以单方混凝土的碳排放量作为比较各类混凝土筑坝技术的指标，并对比分析了各类混凝土筑坝技术的特点。

在调研设计中，选取了 6 家单位（分别是 3 家业主单位、1 家设计单位、1 家施工单位和 1 家咨询公司）作为调研对象，14 个混凝土大坝工程（包括 4 个常态混凝土工程、6 个碾压混凝土工程和 4 个堆石混凝土工程）作为研究案例，采取了文献调研、数据库调研和工程资料调研 3 种调研方式，其中工程调研数据采集的方法分为收集设计和结算资料、物资设备消耗统计表，拍摄和搜集工程视频资料和高层访谈等，并在表中分析了调研获得的数据内容以及这些数据在研究中的用途。然后根据碳排放要素的确定原则，结合调研得到的投标报价和单价分析表，确定了碳排放要素，包括材料生产和能源消耗两个部分。并根据确定的碳排放要素，结合国内外数据库、IPCC 指南、文献调研结果等，通过修改数据库条件、在 eBalance 中建立过程模型等方式，计算各排放要素对应的碳排放系数，分别建立了材料生产和能源消耗的碳排放清单，为客观评价混凝土大坝生命周期各个阶段的碳排放量提供了基础。

第 3 章　基于生命周期的碳排放评价方法

本章提出了基于生命周期的混凝土大坝碳排放耦合评价计算模型，分析了模型各部分的作用及其在评价各类筑坝技术、优化建设方案、实现碳排放过程管理、提供决策支持过程中的意义。分析了模型中用到的过程分析法、投入产出法和离散事件法的评价过程。根据第 2 章分析的调研数据内容和建立的混凝土大坝生命周期碳排放清单，提出了生命周期各阶段碳排放的计算方法。

3.1　碳排放耦合评价模型

本章根据已有研究现状的分析，针对研究范围边界，依据分析调研阶段可以获得的数据特点，建立了图 3.1 所示的基于生命周期的混凝土大坝碳排放耦合评价计算模型。

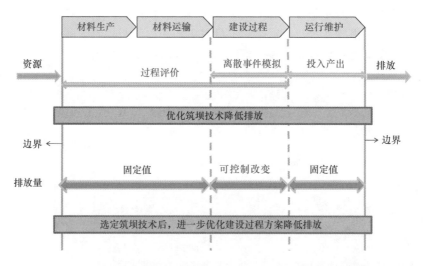

图 3.1　基于生命周期的混凝土大坝碳排放耦合评价计算模型

如图 3.1 所示，在材料生产、材料运输和建设过程阶段，由于主要的碳排放要素来自于原材料生产和机械设备耗油，可以根据建立的材料生产、能源消耗的清单，基于过程分析建立评价方法，定量评价这 3 个阶段的碳排放量。其中在建设过程阶段，单独的生命周期方法清单分析，只能得到能源消耗的碳排放清单,不能得到现场机械设备真实的工作时间和碳排放量,需要采用离散事件模拟的方法,计算真实的操作和待工时间,并结合碳排放清单计算碳排放量。运行维护阶段的碳排放量来自于日常维护阶段的材料和机械设备的使用。但是根据调研访谈的内容,在这个阶段和前 3 个阶段不同,很少有详细的物资消耗清单设计记录,在工程设计阶段只能估算日常维护成本比例。而且在大坝实际的运行过程管理中,也是以成本作为管理的记录要素,所以在这个阶段的评价中,为了充分利用真实的设计和记录数据,采用投入产出法分析碳排放量。

在明确了各个阶段的评价计算方法之后,即可对混凝土大坝生命周期各阶段进行碳排放评价计算。根据案例调研的数据内容,分析低碳筑坝技术的优势,为发展低碳筑坝技术,降低碳排放量提供决策的支持。在设计阶段选定了筑坝技术,完成详细设计方案之后,材料生产和运输阶段的碳排放量基本固定,运行维护阶段的设计估算中成本也已经固定,所以根据投入产出法计算得到的碳排放量也不会改变。这时能够继续优化碳排放的阶段就是建设过程阶段,这也是承包商唯一可控和利益相关的阶段,对于激发承包商的减排动力,实现绿色筑坝过程具有重要的意义[132]。

3.2 碳排放计算方法

3.2.1 基于过程的分析方法

基于过程的分析方法主要是参照国际标准化组织提出的生命周期评价框架,具体的流程见图 3.2。首先通过分析过程流程图中的输入输出要素,明确过程的研究边界和碳排放要素;然后根据第 2 章中建立的材料生产、材料运输和建设过程碳排放清单,结合调研获得的碳排放要素的数量,根据式(2.2)建立相应的评价公式,分别计算各阶段的碳排放量。

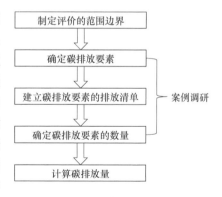

图 3.2 过程分析方法流程图

3.2.2 基于投入产出的分析方法

在利用投入产出法分析碳排放时,主要是确定总投入和选择适当的投入产出表。投入产出表主要是用来评定经济中各个产业部门之间的相互依赖的关

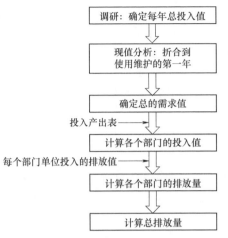

图 3.3　投入产出方法流程图

系。具体的流程见图 3.3。

如图 3.3 所示，首先通过调研确定运行维护阶段的总投入货币量，当投入成品时，主要是将成品投入换算成货币投入。然后根据折现率 r（即未来有限期预期收益折算成现值的比率），将运行维护阶段每年的投入值 C 折算到运行维护阶段的第一年，从而确定总的需求值 Y 为

$$Y = \sum_{i=0}^{n} \frac{C}{(1+r)^i} \qquad (3.1)$$

在计算了总的需求值后，结合投入产出表中各个部门的直接需求矩阵 A，计算各个部门相应的总投入值 X 为[56]：

$$X = (I + A + A \times A + A \times A \times A + \cdots)Y = (I - A)^{-1}Y \qquad (3.2)$$

其中 I 是单位矩阵，可以看出最终的投入值等于最终需求输出，加上各层供应链的直接和间接输出。在计算得到总的投入值后，即可乘以各个阶段下单位投入的环境排放系数 R_i（对角矩阵）[55,58]，计算得到各个部门的碳排放向量 B_i，

$$B_i = R_i \times X \qquad (3.3)$$

根据计算得到 B_i，即可得到在运行维护阶段，投入一定的成本而产生的碳排放量。

3.2.3　离散事件模拟分析方法

通过第 1 章绪论的分析，本研究选择基于事件的离散事件模拟方法计算建设阶段的真实工作时间，包括机械设备操作时间和待工时间两个部分，结合生命周期过程分析得到的能源消耗（柴油、汽油和电力）碳排放清单，以及 Lewis 研究结果中操作和待工两种真实工作状态不同的油耗系数，评价建设过程阶段的碳排放量。其中已有研究表明待工状态下的油耗系数约是操作状态下油耗系数的 20%[113]，耗油量和碳排放之间存在线性关系[75]。

常规混凝土、碾压混凝土和堆石混凝土 3 种筑坝技术的施工组织设计方案，主要通过向业主、设计和施工方调研案例工程的施工组织设计图，在工程现场拍摄视频资料，访谈施工现场的总工程师等方式确定。研究采用 Stroboscope 公开软件建立各种筑坝技术的施工过程，进行离散事件模拟，以计算建

设过程的碳排放量。离散事件模拟方法的流程图见图3.4。

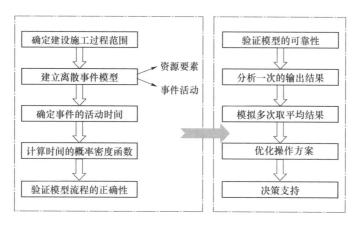

图3.4 离散事件模拟方法的流程图

可以看出离散事件模拟方法的流程主要包括了确定建设施工过程、建立模型、确定事件的时间和分布、模型验证、结果分析、方案优化和决策支持几个部分，详细评价的过程将在第4章中进行专门的分析。利用该模拟方法输出的结果，可以计算真实的工作时间和碳排放量，并可通过分析设备的利用率情况，优化操作方案，减少碳排放量，为低碳建设提供决策支持。

3.3 生命周期各阶段碳排放计算方法

3.3.1 原材料生产阶段的评价

在材料生产阶段，通过调研工程量、单价分析表和物资设备消耗表，确定各类筑坝技术的混凝土配合比和实际材料消耗数量，然后通过分析施工过程的机械设备工作情况，计算能源的消耗数量，从而根据已确定的材料排放清单，确定材料生产阶段碳排放量，见式（3.4）

$$E_{\text{material}} = \sum_i W_i \times EF_i \tag{3.4}$$

式中：W_i 为 i 类材料生产总量；EF_i 为 i 类材料的碳排放系数，通过建立的碳排放清单确定。

以中山长坑水库堆石混凝土工程计算材料消耗数量的过程为例，材料生产阶段主要的碳排放要素是混凝土生产过程。自密实混凝土配合比设计见表3.1。

表 3.1		中山长坑水库自密实混凝土设计配合比		单位：kg
水　泥	粉煤灰	砂　子	碎　石	减水剂
165	351	884	742	5.8

根据上述的配合比和总的混凝土浇筑方量，以及现场堆石率 45%，计算出水泥、粉煤灰、砂子、碎石、减水剂和堆石的质量，然后根据表 2.3 所列的单价分析表和表 2.4 所列的机械设备单位台班的能耗量，确定能源消耗的总量。即可通过式（3.4）计算材料生产阶段的碳排放量。

3.3.2　运输阶段的评价

材料运输阶段和材料生产阶段一样，也是采用过程分析的方法评价该阶段的碳排放量。运输成本分析时经常以 t·km 作为单价定额，但目前还没有以该单价定额分地区建立的碳排放清单。而在本研究中已建立的清单是基于能源消耗的碳排放量，所以根据该排放系数来计算运输阶段的碳排放量，在这个过程中关键需要确定机械设备的工作时间。

在调研过程中可以得到各类原材料运输到工程现场的距离，运输设备的载重量、速度以及运输材料的重量，利用这些参数即可计算确定运输设备的台时；然后通过查找《水电工程施工机械台时费定额》[133]中单位台时的耗油量，计算运输设备的耗油量，从而根据已确定的相应的能源排放系数，评价运输阶段的碳排放。计算方法见式（3.5）：

$$E_{\text{transportation}} = \sum_i W_i \times L_i / W_{\text{truck}} / V_{\text{truck}} \times C_{\text{oil}} \times EF_{\text{oil}} \quad (3.5)$$

式中：W_i 为运输 i 类材料重量；L_i 为运输距离；W_{truck} 为运输设备载重量；V_{truck} 为运输设备的速度；C_{oil} 为单位台时的耗油量；EF_{oil} 为柴油、汽油的碳排放系数。

3.3.3　建设过程的评价

在建设过程阶段，碳排放量主要来自机械设备在施工过程中的耗油、耗电。根据基于过程的生命周期评价方法建立的能源消耗排放清单，建设过程的碳排放量根据式（3.6）计算。

$$E_{\text{construction}} = \sum Q_{\text{oil}} \times EF_{\text{oil}} + \sum Q_{\text{electricity}} \times EF_{\text{electricity}} \quad (3.6)$$

式中：Q_{oil} 为统计得到的耗油量；$Q_{\text{electricity}}$ 为统计得到的耗电量；EF_{oil} 为柴油、汽油的碳排放系数；$EF_{\text{electricity}}$ 为当地电力的碳排放系数。

在案例计算时，完工并已经完成详细结算工作的工程项目，可以调研得到整个施工项目的耗油和耗电量，以计算建设过程的碳排放量。但是对大多数工程案例，基于设计和建设阶段的数据无法获得设备真实的工作时间，难以根据单位台班的能耗系数计算真实的能源消耗数量和碳排放量。本研究的目的是通过建立碳排放评价计算方法，在设计阶段评价混凝土坝生命周期的碳排放量，从而评价各类筑坝技术的碳排放量，为选择低碳筑坝提供决策支持。而且已有研究表明承包商是建设过程减排的主要利益相关方[20]。在建设过程中，进一步优化施工组织方案，降低碳排放量，可作为施工单位的减排指标效益。离散事件模拟的方法是在设计阶段预测设备真实工作时间的有效手段，该方法可以通过模拟施工流程，结合生命周期评价建立的能源消耗清单，计算建设过程的碳排放量，并通过变更设备数量、更改施工方案，模拟各种设计情景下的碳排放量，为承包商优化建设方案，实现减排提供决策支持。具体的建设过程碳排放评价方法将在第 4 章中详细叙述。

3.3.4　运行维护阶段的评价

在运行维护阶段，传统的项目管理只统计和分析经济成本情况，很少有详细的材料和设备使用清单数据的记录，难以根据式（3.4）～式（3.6）计算碳排放量。因此采用投入产出的评价方法计算该阶段的碳排放量。根据 3.2.2 节总结的方法，首选确定该工程在运行维护阶段的设计总投入。在调研单位开展的高层访谈结果显示，我国常规混凝土和碾压混凝土大坝每年运行和维护成本占到总投资的 1％～2％。堆石混凝土作为一种新型筑坝技术，由于水泥含量少，温度应力小，在现有工程的运行监测中，没有出现任何的贯穿性裂缝，减少了大坝运行维护阶段裂缝修复的费用。堆石混凝土技术虽然没有历史经验作参考，但可以通过现有的混凝土大坝工程的运行维护费用进行估算。

然后采用美国卡内基梅隆大学开发的评价工具[59]，将投入产出表的条件修改为我国 2007 年发布的 135 各部门的投入产出表，将总投入归入到建设部门，作为最终使用矩阵输入到评价工具中，根据式（3.7）计算各部门的总产出矩阵和碳排放矩阵，累加各部门的碳排放量后即可得到运行维护阶段的碳排放量。

$$E_{\text{operation}} = \sum BX = \sum (I - A)^{-1} BY \qquad (3.7)$$

式中：X 为总产出矩阵；Y 为最终使用矩阵；A 为技术系数矩阵；B 为能源强度矩阵，如式（3.8）～式（3.11）所示：

$$X = [x_1, x_2, \cdots, x_n]^{\mathrm{T}} \qquad (3.8)$$

$$Y = [y_1, y_2, \cdots, y_n]^{\mathrm{T}} \qquad (3.9)$$

$$A = \begin{pmatrix} a_{11} & a_{12} & \cdots & a_{1n} \\ a_{21} & a_{22} & \cdots & a_{2n} \\ \vdots & \vdots & & \vdots \\ a_{n1} & a_{n2} & \cdots & a_{m} \end{pmatrix} \tag{3.10}$$

$$B = \begin{pmatrix} b_1 & 0 & \cdots & 0 \\ 0 & b_2 & \cdots & 0 \\ \vdots & \vdots & & \vdots \\ 0 & 0 & \cdots & b_n \end{pmatrix} \tag{3.11}$$

式中：x_n 为各部门的产出；y_n 为各部门的最终需求；a_m 为各部门间的投入产出关系；b_n 为能源系数。

3.4　温控措施碳排放计算方法

混凝土大坝的温度应力和施工期、运行期的温度变化过程密切相关，是由混凝土材料本身的水化热和热传导性能以及环境因素决定的。采取适当的温控措施，可以有效地降低大坝的温度应力，避免或者减少裂缝的出现。常规混凝土大坝由于每立方米混凝土的水泥含量较高，水泥水化热容易引起混凝土内部温度变化，需要采取温控措施，降低绝热温升，减少裂缝开裂的可能性。碾压混凝土大坝通过掺加大量粉煤灰，减少每立方米水泥用量、降低水化温升和温度应力，但在施工过程中采用通仓浇筑或横缝间距较大的连续碾压的施工方式，间歇时间短，浇筑块长，由上下层和基础温差引起较大的应力，造成碾压混凝土大坝的温度裂缝问题。

所以为了防止坝体产生温度裂缝，应该采取必要的温控措施减少温度的降低值，可以通过以下两种方式进行冷却：一是采用冷水或者冰，进行骨料的预冷和出机后混凝土的冷却，降低混凝土的浇筑温度；二是铺设冷却水管，通过循环水，减少混凝土的水化热温升，包括一期和二期冷却等方式。上述两种冷却方式的温控措施造成的碳排放量可以根据过程分析法计算，依据实际的温控过程计算。

$$E_{temperature} = \sum E_{pre} + E_{aft} = \sum_{cooling} (T_1 - T_2) \cdot W \cdot C / EER / Q_{coal} \cdot EF_{coal}$$

$$\tag{3.12}$$

式中：E_{pre} 为预冷却阶段的排放量；E_{aft} 为后期冷却阶段的排放量（冷却水管）；W 为冷却材料的重量；T_2 为冷却后材料的温度；T_1 为冷却前材料的温度；C 为待冷却材料的比热；Q_{coal} 为标准煤热值；EER 为制冷设备的能效比；EF_{coal} 为标准煤的碳排放系数，采用国家发展和改革委员会推荐的系数，每吨标准煤

排放 $2.67\text{t}CO_2$。

3.5　方　法　小　结

　　本章建立了混凝土大坝生命周期评价计算模型，针对混凝土大坝生命周期各个阶段的特点，提出了相应的评价计算方法。其中，在材料生产和运输阶段，采用过程分析法，通过确定各类原材料和能源的质量、运输设备的载重、速度、运输距离以及单位台班的耗油量等参数，计算这两个阶段的碳排放量。在建设过程阶段，采用过程分析和离散事件模拟相结合的方法，模拟建设过程，通过分析机械设备真实的操作和待工时间，计算实际耗油和耗电量，以计算建设过程的碳排放量。在运行维护阶段，通过分析该阶段可以获得的真实数据的特点，充分利用成本设计和记录数据，采用投入产出法，通过分析最终使用矩阵，结合我国投入产出表中的部门间关系，确定总产出矩阵，从而计算实际的碳排放量。针对混凝土大坝特有的温控措施，采用过程分析法，计算骨料和混凝土冷却，以及冷却水管耗能部分的碳排放量。根据建立的评价计算模型可知，建设过程不仅是混凝土大坝生命周期碳排放的重要组成部分，而且是承包商唯一可以控制、具有利益相关关系的阶段。

第4章 建设过程离散事件模拟及碳排放评价

本章基于离散事件模拟提出混凝土大坝建设过程碳排放量的计算方法。根据离散事件模拟方法的流程图，结合溪洛渡的工程案例的调研资料，按照模型建立、参数输入、模型验证和结果解释几个步骤，在 Stroboscope 平台上评价和分析建设过程的碳排放量。将模拟机械设备工作的时间、模拟工程的进度，分别和真实的观测时间和进度结果相对比，并将碳排放计算结果进行对比讨论，验证了离散事件模型的可靠性和必要性。然后提出了排放、成本和进度表现的评价方法，并结合堆石混凝土恒山和围滩工程中 3 个变量随工期的变化趋势，分析了 3 个变量的影响因素，指出了在建设方案优化过程中采用相关分析法和典型分析法分析 3 个变量相互关系的必要性，为优化建设过程，实现碳排放过程控制提供理论依据。

4.1 离散事件模拟方法

4.1.1 建立离散事件模型

根据离散事件模拟分析的方法，在 Stroboscope 平台上建立离散事件模型，采用 ETZStrobe 界面模拟建设过程，该界面见图 4.1，主要的过程分为事件区域（A）和模拟区域（B）。

建立的离散事件模型包括一系列的机械设备要素和每个设备的事件动作，本章以溪洛渡常规混凝土浇筑过程为例，根据建设视频录像建立各机械设备事件动作的流程和事件动作之间的相互关系。主要的施工过程见图 4.2。

根据图 4.2 所示的混凝土浇筑过程，将卡车、起重机、推土机、振捣机和振捣棒作为主要的机械设备要素。卡车主要的事件动作包括了装载、运输、卸载混凝土和返回 4 个部分；起重机的事件动作包括了装载、检查准备、移动运输、混凝土卸载和返回 5 个过程；推土机主要是推平混凝土的事件动作；振捣机和振捣棒主要是振捣混凝土的动作。根据每种机械设备要素的事件动作流程，建立图 4.3 所示的离散事件模型。

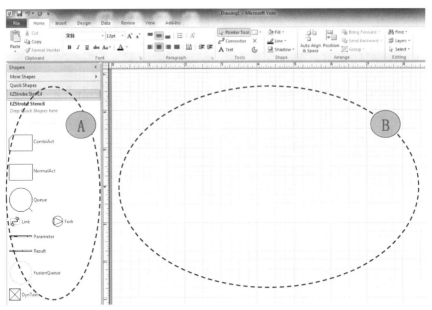

图 4.1 Stroboscope 模拟平台界面

(a)卡车卸载混凝土

(b)起重机运输混凝土

(c)起重机吊罐卸载混凝土

(d)推土机推平混凝土

图 4.2（一） 常规混凝土主要的施工过程图

（e）振捣机振捣混凝土

（f）人工振捣混凝土

图 4.2（二）　常规混凝土主要的施工过程图

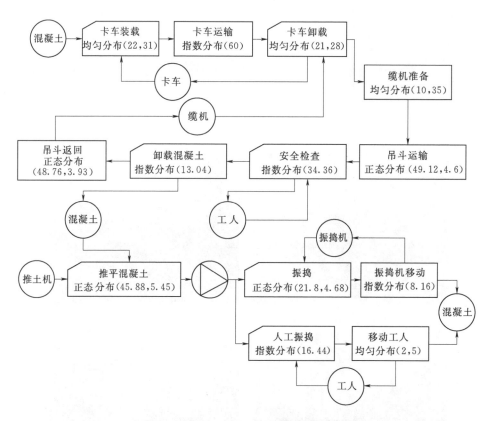

图 4.3　混凝土浇筑过程的离散事件模型

4.1.2　确定事件的活动时间

图 4.3 所示的离散事件模型中，每个机械设备的事件活动时间主要通过调研施工现场的视频资料获得。在拍摄工程视频时，要记录每个机械设备要素的

所有事件活动，包括每个事件动作启动需要的要素条件、起始时间、结束需满足的条件和结束时间。每个动作的往复记录次数不少于 25 次，以准确地确定事件动作的时间分布。以溪洛渡为例确定的机械设备时间分布见表 4.1。

4.1.3 确定时间的概率密度函数

在表 4.1 整理了每个机械设备的动作时间后，采用分布拟合的软件 StatFit Version 2 进行数据的拟合，确定每个动作的时间分布参数，以输入到离散事件模型的每个事件动作中，进行过程模拟。事件时间的拟合结果示例见图 4.4，根据每个动作的拟合结果进行 Chi Squared 和 K - S 检验，结果见表 4.2。

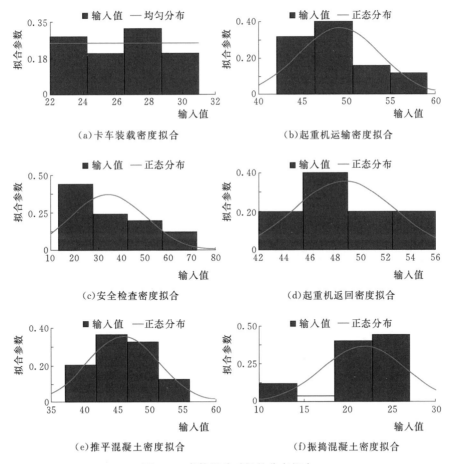

图 4.4 事件活动时间的分布拟合

根据计算得到的 25 个样本数据的 Chi Squared 和 K - S 检验临界值分别是 7.81 和 0.264，表 4.2 中的各项检验值均小于以上这两个值，所以每个事件动

表 4.1　事件活动单次循环的时间统计

单位：s

事件活动	1	2	3	4	5	6	7	8	9	10	11	12	13	14	15	16	17	18	19	20	21	22	23	24	25
卡车装载	25	28	22	24	28	29	22	25	29	28	30	22	27	25	22	24	28	29	27	22	28	28	23	24	25
卡车运输	17	19	23	20	22	19	20	22	23	20	18	22	17	20	19	22	18	23	17	22	19	22	17	20	23
卡车卸载	22	28	23	26	23	27	25	23	28	23	21	25	25	23	26	24	28	23	21	21	21	28	23	26	23
起重机准备	35	20	24	12	34	20	24	35	20	24	23	34	31	29	23	15	17	20	10	14	16	12	11	34	24
起重机运输	59	48	50	47	43	46	42	53	45	47	59	54	47	48	46	45	47	52	49	46	52	48	50	59	46
安全检查	72	16	24	46	58	15	38	28	24	19	36	47	52	18	24	43	38	62	18	13	26	39	50	32	21
起重机返回	18	10	12	15	17	10	12	10	12	18	12	12	13	11	10	10	12	13	17	18	12	10	13	14	15
起重机卸载	46	52	56	47	45	47	42	46	55	53	52	55	48	48	47	45	48	47	43	49	50	51	46	45	56
推平混凝土	37	50	46	43	56	45	46	55	37	51	43	52	50	46	38	37	50	44	48	46	50	43	37	48	50
振捣混凝土	23	27	22	21	22	27	10	12	22	25	20	27	24	26	23	22	25	20	22	27	13	15	27	22	21
振捣车移动	4	5	9	3	6	7	18	4	8	10	12	9	10	18	7	4	5	9	3	6	13	18	4	8	10
人工振捣	24	26	9	7	12	16	25	23	10	26	8	9	25	7	26	7	12	23	8	11	26	9	12	26	24
人工移动	3	5	2	3	4	4	2	2	3	5	5	3	2	2	2	3	5	4	5	3	2	4	3	3	4

表 4.2　事件活动的时间分布

事件活动	时间分布	平均值	最小值	最大值	标准差	Chi - Squared	K - S
卡车装载	均匀分布 (22，31)		22	31		1.08	0.2
卡车运输	指数分布 (60)	60				3.32	0.229
卡车卸载	均匀分布 (21，28)		21	28		1.72	0.234
缆机准备	均匀分布 (10，35)		10	35		0.44	0.16
吊斗运输	正态分布 (49.12，4.6)	49.12			4.6	2.04	0.196
安全检查	指数分布 (34.36)	34.36				0.76	0.139
卸载混凝土	指数分布 (13.04)	13.04				1.4	0.24
吊斗返回	正态分布 (48.76，3.93)	48.76			3.93	2.36	0.177
推平混凝土	正态分布 (45.88，5.45)	45.88			5.45	1.08	0.126
振捣混凝土	正态分布 (21.8，4.68)	21.8			4.68	3.32	0.197
振捣机移动	指数分布 (8.16)	9.16				5.24	0.139
人工振捣	指数分布 (16.44)	16.44					0.256
人工移动	均匀分布 (2，5)		2	5		0.76	0.24

作的时间分布都是可以接受的，可以输入到离散事件模型中计算每个设备的工作时间，继续分析模拟结果。

4.1.4　模型输出的结果

本案例中模型运行停止的条件是混凝土浇筑量达到 146718m^3，在输入设备资源的初始数量和模型运行停止的条件后，运行建立的离散事件模型，在 Stroboscope 平台上输出的结果示例见图 4.5。

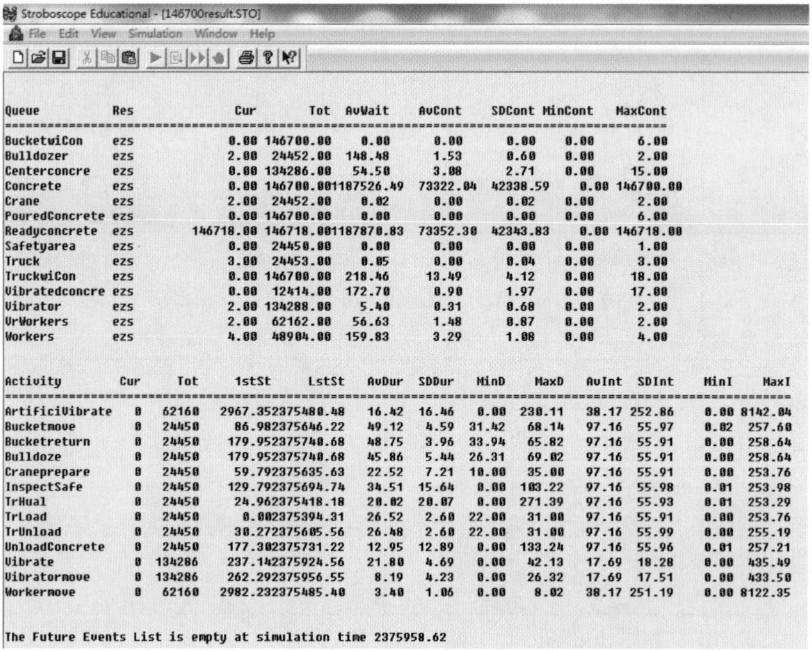

Stroboscope Educational - [146700result.STO]

File Edit View Simulation Window Help

Queue	Res	Cur	Tot	AvWait	AvCont	SDCont	MinCont	MaxCont
BucketwiCon	ezs	0.00	146700.00	0.00	0.00	0.00	0.00	6.00
Bulldozer	ezs	2.00	24452.00	148.48	1.53	0.60	0.00	2.00
Centerconcre	ezs	0.00	134286.00	54.50	3.08	2.71	0.00	15.00
Concrete	ezs	0.00	146700.00	1187526.49	73322.04	42338.59	0.00	146700.00
Crane	ezs	2.00	24452.00	0.02	0.00	0.02	0.00	2.00
PouredConcrete	ezs	0.00	146700.00	0.00	0.00	0.00	0.00	6.00
Readyconcrete	ezs	146718.00	146718.00	1187870.83	73352.30	42343.83	0.00	146718.00
Safetyarea	ezs	0.00	24450.00	0.00	0.00	0.00	0.00	1.00
Truck	ezs	3.00	24453.00	0.05	0.00	0.04	0.00	3.00
TruckwiCon	ezs	0.00	146700.00	218.46	13.49	4.12	0.00	18.00
Vibratedconcre	ezs	0.00	12414.00	172.70	0.90	1.97	0.00	17.00
Vibrator	ezs	2.00	134288.00	5.40	0.31	0.68	0.00	2.00
VrWorkers	ezs	2.00	62162.00	56.63	1.48	0.87	0.00	2.00
Workers	ezs	4.00	48904.00	159.83	3.29	1.08	0.00	4.00

Activity	Cur	Tot	1stSt	LstSt	AvDur	SDDur	MinD	MaxD	AvInt	SDInt	MinI	MaxI
ArtificiVibrate	0	62160	2967.35	2375480.48	16.42	16.46	0.00	230.11	38.17	252.86	0.00	8142.04
Bucketmove	0	24450	86.98	2375646.22	49.12	4.59	31.42	68.14	97.16	55.97	0.02	257.60
Bucketreturn	0	24450	179.95	2375740.68	48.75	3.96	33.94	65.82	97.16	55.91	0.00	258.64
Bulldoze	0	24450	179.95	2375740.68	45.86	5.44	26.31	69.02	97.16	55.91	0.00	258.64
Craneprepare	0	24450	59.79	2375635.63	22.52	7.21	10.00	35.00	97.16	55.91	0.00	253.76
InspectSafe	0	24450	129.79	2375694.74	34.51	15.64	0.00	103.22	97.16	55.98	0.01	253.98
TrHual	0	24450	24.96	2375418.18	20.02	20.07	0.00	271.39	97.16	55.93	0.01	253.29
TrLoad	0	24450	0.00	2375394.31	26.52	2.60	22.00	31.00	97.16	55.91	0.00	253.76
TrUnload	0	24450	30.27	2375605.56	26.48	2.60	22.00	31.00	97.16	55.99	0.00	255.19
UnloadConcrete	0	24450	177.30	2375731.22	12.95	12.89	0.00	133.24	97.16	55.96	0.01	257.21
Vibrate	0	134286	237.14	2375924.56	21.80	4.69	0.00	42.13	17.69	18.28	0.00	435.49
Vibratormove	0	134286	262.29	2375956.55	8.19	4.23	0.00	26.32	17.69	17.51	0.00	433.50
Workermove	0	62160	2982.23	2375485.40	3.40	1.06	0.00	8.02	38.17	251.19	0.00	8122.35

The Future Events List is empty at simulation time 2375958.62

图 4.5　Stroboscope 平台输出的结果

在输出结果的第一部分中可以看到每种机械设备和模型中资源的数量状态、平均等候时间，当等候时间数值远大于 0 时代表该资源现存数量充裕，当等候时间数值接近 0 时代表该资源的数量不足。在第二部分的输出结果中给出了每个事件动作发生的次数（n）和平均每次持续的时间（d），则每个事件动作的实际操作时间（t）即可由式（4.1）计算。

$$t=nd \tag{4.1}$$

每个机械设备的真实操作时间和待工时间分别由式（4.2）和式（4.3）计算。

$$T_{\text{operating}}=\sum_{i=1}^{n} t_i \tag{4.2}$$

$$T_{\text{idling}} = T_{\text{total}} \left(1 - \frac{T_{\text{operating}}}{T_{\text{total}}} \right) \tag{4.3}$$

式中：i 为与该机械设备相关的事件动作；T_{total} 为每种机械设备模拟的总时间。

操作时间除以模拟的总时间即是该类型设备的使用效率，当提高设备的使用效率时，可以有效地降低待工时间。

4.1.5 验证模型的可靠性

在得到模型的输出结果后，本研究主要从模拟机械设备真实工作时间和模拟施工进度两个方面来验证离散事件模型的可靠性。

4.1.5.1 模拟时间结果比较

以起重机的事件动作为例，将 5h 的现场视频记录观测值得到的运行时间分布和采用离散事件模拟 5h 建设过程的输出结果相对比，结果见表 4.3。

表 4.3　　　　　　　　　　事件活动的时间分布

起重机状态	起重机运行时间/s		相对差异/%
	观测值	模拟值（100 次平均值）	
装载	33.40	33.73	0.98
待工	97.20	99.02	1.87
运输	78.60	89.21	13.50
卸载	23.50	23.65	0.65
返回	69.10	69.46	0.52

表 4.3 的结果所示，在累计约 5h 的时间内，DES 模型可以较准确地模拟起重机各种工作状态，除运输状态外，其他操作状态的模拟结果和真实结果相差在 1% 以内；模拟得到的设备待工时间和实际监测计时的结果也只相差约 1.87%，验证了采用离散事件模型计算机械设备真实工作时间的可靠性。

4.1.5.2 模拟进度结果比较

在分析了模拟时间的结果后，将该评价模型预测的浇筑 146718m³ 混凝土的时间和真实的工程浇筑时间相对比，运行离散事件模型 100 次，结果见图 4.6。

可以看出在完成一定浇筑量的情况下，模型预测需要的时间平均值约 27.5d，而调研得到的时间需要的工作时间是 28d，标准差约 0.019d，进一步验证了模型的可靠性。接下来利用建立的离散事件模型输出的结果，提出碳排放评价计算的方法，预测建设过程中的碳排放量。

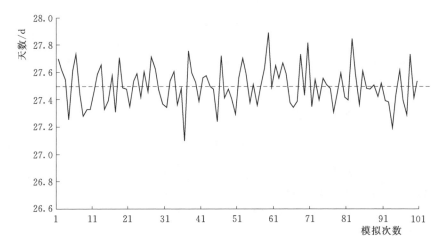

图 4.6　模型预测浇筑进度的结果

4.2　碳排放计算方法

4.2.1　碳排放指标计算

在上述的分析结果中，得到了每个机械设备的真实操作时间和待工时间，分别乘以单位时间的碳排放系数即可得到总的机械设备排放量，见式（4.4）。

$$E = \sum T_{\text{operating}} \cdot EF_{\text{operating}} + T_{\text{idling}} \cdot EF_{\text{idling}} \tag{4.4}$$

其中操作阶段的排放系数根据式（4.5）计算。

$$EF_{\text{operating}} = \sum C_e \cdot EF_{\text{electricity}} + C_o \cdot EF_{\text{oil}} \tag{4.5}$$

C_e 和 C_o 是根据每种型号的机械设备单位台时的耗油耗电量确定。然后可以根据式（4.6）确定待工阶段的碳排放系数。

$$EF_{\text{idling}} = \beta \cdot EF_{\text{operating}} \tag{4.6}$$

β 是基于 Lewis 等人的研究，对每种建设过程中使用的机械设备，其待工和操作过程中的碳排放系数比值约为 0.2[106,113]。

4.2.2　碳排放结果分析

采用上述的碳排放指标计算方法，根据表 4.3 对起重机各个动作状态的碳排放量进行计算，并将评价结果和直接采用生命周期评价方法结果进行比较。结果见表 4.4。

表 4.4	各评价方法的碳排放值		
碳排放量	观测值	模拟值（100 次平均值）	LCA 评价
CO_2 排放量/kg	3027	2902	4633
观测值的区别/%	0	−4.13	53

从表 4.4 中可以看出，离散事件模拟方法通过计算机械设备的操作时间和待工时间，可以准确、实际、可靠地评价建设过程的碳排放量。按照提出的碳排放指标计算方法得到的碳排放量和利用观测时间计算的碳排放量误差在 5% 以内。如果直接将项目的周期作为设备的真实操作时间，按照生命周期的方法直接计算，结果和真实的碳排放量相差了约 53%。所以采用建立离散事件模型的方法计算建设过程的碳排放量是可靠而且必要的，提出的评价方法弥补了生命周期方法的不足，可以真实地反映实际的碳排放量，具有大幅度减少现场观测和实验成本的优势。

然后采用同样的方法计算浇筑过程其他的机械设备的碳排放量，模拟除了混凝土浇筑过程外的建设阶段的其他过程，例如混凝土搅拌过程、温控措施过程等，累加所有的碳排放量即可得到建设过程总的碳排放量。同时，建立的离散事件模型也为优化建设过程、进一步降低碳排放量提供了工具支持。

4.3 综合效益优化方法

4.3.1 成本、进度表现评价方法

在建设方案优化过程中，尽管碳排放指标越来越重要，施工现场管理者仍然以成本和进度作为主要的方案决策指标[16]。已有研究表明建设过程中的成本表现会很大程度地影响排放表现[134]。改变项目的进度也会影响排放结果，反之亦然[135]。建设过程机械设备的成本包括了折旧费、维修费、安装拆卸费、人工和能源消耗费用，总的成本见式（4.7）：

$$C_{direct} = \sum_i C_i \cdot SiM \cdot N_i \tag{4.7}$$

式中：C_{direct} 为建设过程施工设备的直接成本；i 为建设过程施工设备的种类；C_i 为每种机械设备的单位成本系数，包括上述的折旧费等所有的成本费用，可直接从水电工程施工机械定额中获得；SiM 为模型预测的总时间，可以在离散事件模型中获得；N_i 为每种类型机械设备的数量。间接成本约为直接成本的 5.5%，所以成本表现定义为式（4.8）。

$$C_{performance} = \frac{V_{concrete}}{C_{total}} = \frac{V_{concrete}}{C_{direct} + C_{indirect}} \tag{4.8}$$

式中：C_{total} 为建设过程机械设备的总投入，通过累加直接和间接成本计算；$V_{concrete}$ 为在相应投入情况下浇筑的混凝土方量。

进度表现则定义为每天的浇筑方量，如式 4.9。

$$S_{performance} = \frac{V_{concrete}}{D_{total}} = \frac{V_{concrete}}{SiM/60/60/H_{value}} \tag{4.9}$$

式中：D_{total} 为预期的施工天数；H_{value} 为每天的工作时间；SiM、$V_{concrete}$ 和式（4.7）和式（4.8）中的定义相同。

同样的排放表现也定义为排放 1t 二氧化碳的混凝土浇筑方量，见式（4.10）。

$$E_{performance} = \frac{V_{concrete}}{E_{total}} \tag{4.10}$$

综合式（4.3）、式（4.4）和式（4.10），得到排放表现的计算公式见式（4.11）。

$$E_{performance} = \frac{V_{concrete}}{\sum\limits_{i=equipment} T_{operating(i)} \cdot EF_{operating(i)} + T_{total(i)} \cdot \left(1 - \frac{T_{opertaing(i)}}{T_{total(i)}}\right) \cdot EF_{idling(i)}} \tag{4.11}$$

其中 T_{total} 是每种机械设备模拟的总时间，进一步按照式（4.12）分解。

$$T_{total(i)} = N_i \cdot SiM \tag{4.12}$$

N 为每种类型机械设备的数量，SiM 和式（4.7）中的定义相同。式（4.11）中操作时间除以模拟的总时间表示该类型设备的使用效率，表示为 OE（operation efficiency），则排放也可以用式（4.13）表示。

$$E_{performance} = \frac{V_{concrete}}{SiM \cdot N \cdot [OE \cdot EF_{operating} + (1-OE) \cdot EF_{idling}]} \tag{4.13}$$

在定义了排放、成本和进度表现后，选取了堆石混凝土恒山和围滩工程案例，建立离散事件模型，通过分析模型输出的结果，根据定义分析随着工程进展，排放、成本和进度表现的变化趋势。评价的结果见图 4.7 和图 4.8。

可以看出在两个案例分析中，随着工期的推移，虽然排放和成本、进度变化规律不完全一致，但显示了相似的变化趋势，3 个变量确实相互影响，具有一定的相关关系。这是因为在上述的成本和进度的评价方法中，两个变量直接受到总工期进展的影响，在相同工期的情况下，工作量越多，则进度表现越好，若现场的机械设备数量和成本的单价系数不变，则成本的表现越好。对于排放表现来说，影响因素较多。工程量越多，则每种机械设备的操作时间越多，在工期和设备数量不变的情况下，该类型设备的使用效率提高。从案例计算结果可以看出，排放的表现也随着工程量增多而提高。

在上述分析中，排放、成本和进度 3 个变量的影响因素具有共性和特性。

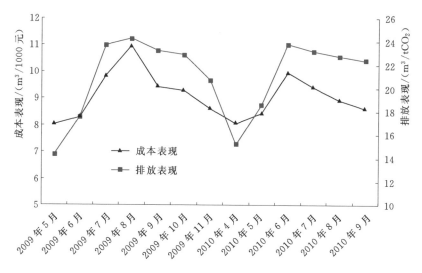

（a）恒山工程排放和成本的变化趋势

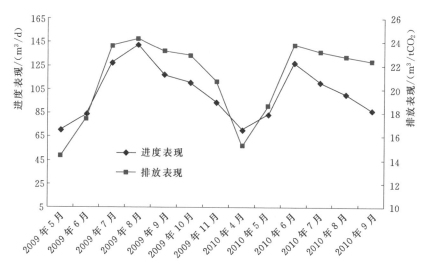

（b）恒山工程排放和进度的变化趋势

图 4.7 恒山工程案例 3 个变量的变化趋势

在评价低碳技术，优化建设阶段的排放时，要分别考虑 3 个变量的影响因素。随着施工组织设计的变化，机械设备的数量和使用效率发生变化，有效操作时间和待工时间发生变化，工期和工作量也会发生变化。在这个过程中，3 个变量将相互影响，变量之间的变化关系将难以通过单一因素进行预测。因此需要进一步研究优化排放表现的过程对成本、进度表现产生的影响，分析 3 个变量的变化关系，找到建设过程的优化指标，为管理者选择适当的优化方案提供有

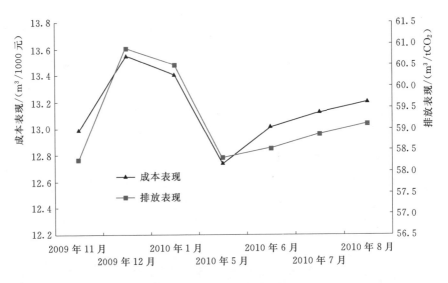

（a）围滩工程排放和成本的变化趋势

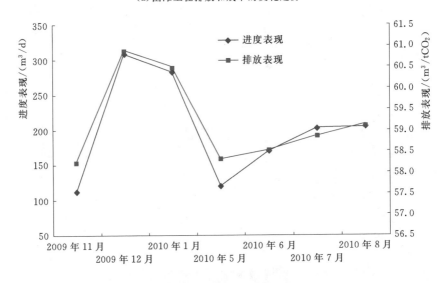

（b）围滩工程排放和进度的变化趋势

图 4.8 围滩工程案例 3 个变量的变化趋势

效的决策支持。

4.3.2 相关分析法

本章采用相关分析法计算优化建设方案过程中各变量间的关联系数，以研究各变量之间的相互关系。利用式（4.14）的皮尔逊相关系数来计算两个变量间的变化趋势。

$$r_{XY} = \frac{N\sum XY - \sum X\sum Y}{\sqrt{[N\sum X^2 - (\sum X)^2][N\sum Y^2 - (\sum Y)^2]}}$$ (4.14)

式中：X、Y 为待研究的变量；N 为变量的个数。

关于相关系数的绝对值 $|r_{XY}|$ 与相关性强弱的关系见图 4.9。

根据图 4.9 所示的分类关系，相关系数的绝对值 $|r_{XY}|$ 在 0.8～1.0 为极强相关，代表两个变量之间具有非常相似或者相反的变化关系。$|r_{XY}|$ 在 0.6～0.8 为强相关，代表两个变量之间具有较强的相似或者相反的变化关系。$|r_{XY}|$ 在 0.4～0.6 为中等程度相关，代表两个变量之间具有一般的关联性。$|r_{XY}|$ 在 0.2～0.4 为弱相关，代表两个变量之间具有不明显的关联性。$|r_{XY}|$ 在 0.0～0.2 为极弱相关或无相关[137]。

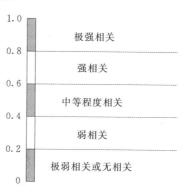

图 4.9　相关系数绝对值与相关性强弱关系[136]

根据相关分析法的概念，使用 SPSS 16.0 for windows 统计软件，在界面中输入变量的变化值，选择计算变量间的 Person 关联系数和显著性水平，采用双边检验的方法，分析 3 个变量之间的关联性，具体的计算界面样例见图 4.10。

计算各变量的关系后，即可输出变量之间的相关系数，值在 -1～$+1$ 之间，结果输出界面见图 4.11。

如果在图 4.11 中输出的相关系数的绝对值 $|r_{XY}|$ 达到 0.8 以上，具有强相关关系时，则可以聚类分析中将变量聚成相距非常近的一类[136]，然后继续采用典型分析法选择优化过程的典型指标[138]。

4.3.3　典型分析法

典型分析法是对具有强相关关系的变量，根据已经计算得到的相关系数矩阵，计算每个变量和其他变量之间的相关指数的均数：

$$R_i^2 = \frac{\sum r^2}{m_i - 1}$$ (4.15)

其中 m_i 是具有强相关关系的变量的个数，本书中只研究排放、成本和进度 3 个变量，计算这 3 个变量的相关指数的均数，均数值最大的指标即可以为典型指标。

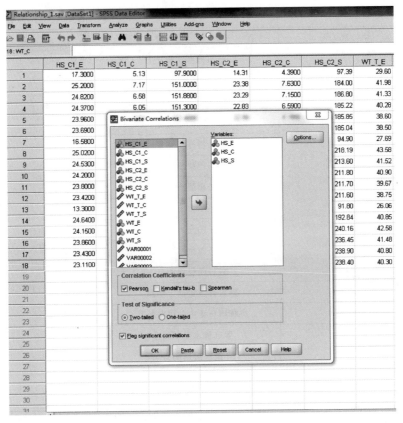

图 4.10　SPSS 软件中相关分析法计算界面

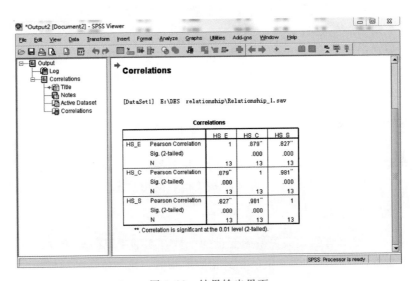

图 4.11　结果输出界面

4.4 方 法 小 结

本章结合溪洛渡工程案例分析了建立离散事件模型、每种机械设备的事件动作的时间分布和输出结果解释的过程，并将模拟输出的机械设备工作时间结果和工程进度结果，分别与真实的观测时间结果和进度结果相对比，验证了离散事件模型的可靠性。然后在分析离散事件模拟结果的基础上，提出了基于离散事件模拟评价混凝土大坝建设过程碳排放量的方法，通过分析机械设备真实的工作时间，计算实际耗油和耗电量，以评价碳排放量。最后通过对比各种方法的碳排放评价结果，分析了采用离散事件模型评价碳排放量的可靠性和必要性，大幅降低了现场观测和实验的成本，并提出了排放、成本和进度表现的评价方法，分析了堆石混凝土恒山和围滩工程中 3 个变量随工期的变化趋势，以及 3 个变量的影响因素，指出了在建设方案优化过程中采用相关分析法和典型分析法分析 3 个变量相互关系的必要性，为找到过程优化指标、优化建设方案提供基础。

第5章 恒山水库工程碳排放评价

本章根据第3章、第4章提出的评价计算模型，采用调研设计结算资料、物资设备消耗表、拍摄工程视频和访谈等方法收集到的14个工程案例的数据，进行模型的应用分析。首先选取恒山水库工程案例，计算分别采用常规混凝土和堆石混凝土两种筑坝设计方案时，在材料生产、材料运输、建设过程、运行维护阶段的碳排放量。在对比得到低碳筑坝技术的减排优势后，利用建立的离散事件模型，进一步优化堆石混凝土技术的建设过程，并分析各种情景方案下的排放、成本和进度的变化趋势。然后采用相关分析法和典型分析法揭示排放和成本、进度的变化关系，确定过程优化指标，为实现排放的过程管理，提高项目的整体表现提供依据。最后结合14个调研的工程案例，根据提出的混凝土大坝生命周期评价计算模型，基于设计方案和真实的建设过程，比较常规混凝土、碾压混凝土和堆石混凝土3种筑坝技术浇筑单方混凝土的碳排放量。

5.1 案 例 评 价

5.1.1 案例选择简介

恒山水库是以防洪为主，兼有灌溉和供水功能的综合性水库，大坝混凝土方量是40698m³。在恒山水库初步设计报告中，为了比较常规混凝土和堆石混凝土两种筑坝技术的水化热和成本，给出了堆石混凝土和常规混凝土的对比设计方案，在两种筑坝技术的强度和耐久性都满足《混凝土拱坝设计规范》（SL 282—2003）[139]的情况下，分别计算两种筑坝技术的水化热和成本，然后根据工程现场的情况选择了堆石混凝土作为筑坝技术。然而，在关于两种筑坝技术的能源消耗和碳排放评价方面，没有详细的评价计算方法，在设计资料中只给出了定性的总结，缺少定量的评价过程。因此选择该工程作为案例进行分析，利用设计报告中详细的资料以及施工现场的视频和可靠的数据，根据研究提出的碳排放评价计算模型，对比评价两种筑坝技术的环境表现，为低碳筑坝技术的选择提供依据。工程施工现场见图5.1。

如图5.1所示，堆石入仓方法是由10t平移式缆机吊运堆石至仓面，采用反铲机等机械设备自然堆积块石入仓，辅助以人工调整堆石堆积的状态，尽量

图 5.1 恒山水库堆石混凝土工程施工现场

控制堆石的空隙率在 40％ 左右。在堆石入仓的过程中，保证下层已经浇筑的低龄期自密实混凝土不会受到较大的冲击，以避免混凝土内部产生微小裂缝，造成大坝结构的早期损伤。

在完成堆石入仓后，在堆石表面进行自密实混凝土的浇筑。案例中的自密实混凝土拌和系统布置在距离坝址 2km 处，根据工艺设计，混凝土拌和系统布置有混凝土拌和站、骨料储运系统、水泥和粉煤灰储运系统和外加剂设施等。在混凝土拌和站拌制混凝土，采用 6m³ 混凝土搅拌罐运输至受料点，然后泵送浇筑。在浇筑的过程中，平均每仓的浇筑厚度为 1.5m，堆积层数不超过 4 层。各浇筑点均匀布置，在自密实混凝土填满一个浇筑点附近的堆石空隙后，不需要振捣混凝土，直接继续下一个浇筑点的浇筑。纵向的仓顶面都要保留块石的棱角，从而节省了下一仓浇筑时的凿毛过程，有利于仓面的连接。

5.1.2 材料生产阶段碳排放评价

在材料生产阶段，常规混凝土的主要材料是水泥、砂子和石子，堆石混凝土的主要材料包括水泥、砂子、石子、粉煤灰、块石和聚羧酸减水剂（SCC 中的重要组分，保证流动性）。钢筋和模板的材料用量在本案例的设计中相对混凝土的使用量较少，而且在两种筑坝技术设计中用量相同。根据质量成本和能耗 80％ 的原则，在本案例中只考虑混凝土和油料的材料生产排放。根据设计报告中关于两种筑坝技术的配合比和单价分析表，计算得到原材料的总用量，见表 5.1。

表 5.1 　　　　　　　　　　　常规混凝土和堆石混凝土的对比设计方案

材料名称	Conv. C		RFC		碳排放密度 /(tCO₂/t)	数据来源
	单方用量 /(t/m³)	总用量 /t	单方用量 /(t/m³)	总用量 /t		
水泥	0.378	15384.2	0.090	3674.0	0.862	国家温室气体清单指南（IPCC 2006），欧洲生命周期参考数据库砂石数据（ELCD 2009），美国环境保护部砂石管理数据（EPA 2000），欧洲生命周期参考数据库碎石数据（ELCD 2009），日本土木学会混凝土委员会（2002），欧洲生命周期参考数据库（ELCD 2009），减水剂的甲醛含量表征研究数据（Formaldehyde data as surrogate for super plasticizer, 2001），中国生命周期基础数据库（CLCD 2012），中国生命周期基础数据库（CLCD 2012）
砂子	0.833	33902.1	0.310	12596.4	0.002	
石子	1.018	41431.4	0.349	14187.9	0.013	
粉煤灰	0	0	0.128	5214.7	0.018	
块石	0	0	1.654	67299.5	0.002	
聚羧酸减水剂	0	0	0.002	88.9	3	
引气剂	0	0	0.0001	4.5	3	
汽油	0.165	66.9	0	0	0.229	
柴油	0.289	117.8	0.316	128.5	0.139	

该设计方案中，在混凝土强度相同并发挥相同的大坝功能的情况下，常规混凝土和堆石混凝土的单方材料用量具有明显的不同。常规混凝土的单方材料用量主要包括水泥、砂子和石子，在同级配的常规混凝土配合比设计没有掺加粉煤灰材料。而在堆石混凝土的配合比设计中，除了使用了大量的块石，在自密实混凝土的配合比中也掺加了粉煤灰材料。根据设计方案中的配合比和施工组织情况，计算得到原材料的总量后，通过已建立的碳排放清单中的排放系数，按式（3.4）计算材料生产阶段的碳排放量。根据计算得到的能源消耗和碳排放情况，对比分析常规混凝土和堆石混凝土的能源消耗和碳排放比例，结果见图 5.2。

通过分析能源消耗和碳排放情况可以看出，相对于常规混凝土，在材料生产阶段，堆石混凝土降低了大约 72% 的碳排放。堆石混凝土通过使用大量的块石材料，降低了能源消耗密度大的水泥材料用量，虽然在块石开采和运输阶段会使用到重型机械设备，但开采块石的碳排放系数仍然远低于水泥的制造过程的排放系数。而且使用粉煤灰代替水泥作为胶凝材料，也可以进一步降低材料生产过程的碳排放量。堆石混凝土中的聚羧酸减水剂材料也同样是能源消耗密集的材料，但是相对于配合比中的其他材料，减水剂的使用量非常低，总体带来的排放影响也相对较低。至于砂子和石子两种材料，由于使用了大量块石，减少了单方混凝土中砂子和石子使用量，从而也降低了这两种材料的消耗量。

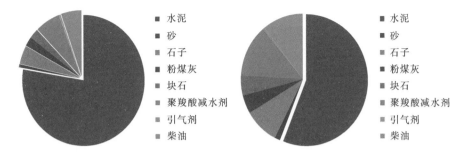

（a）堆石混凝土材料生产阶段的碳排放比例　　（b）堆石混凝土材料生产阶段的能源消耗比例

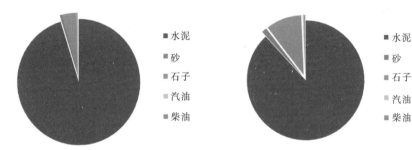

（c）常规混凝土材料生产阶段的碳排放比例　　（d）常规混凝土材料生产阶段的能源消耗比例

图 5.2　材料生产阶段的对比图

5.1.3　运输阶段碳排放评价

在材料运输阶段，根据已建立的评价公式，需要确定运输材料的重量，运输距离、运输设备的载重量和速度等参数。在本案例中，机械设备的运输距离见表 5.2。

假设所有的运输卡车从施工现场返回到材料生产地时空载[87]，只计算卡车单向从材料生产地到施工现场的运输过程。该案例中的运输卡车的载重量是 10t，时速为 30km/h，在施工台式费定额查找这种型号的卡车单位台时的耗油量是 14kg。根据式

表 5.2　各种原材料的运输距离

材料名称	运输距离/km
水泥	70
砂子	25
石子	10
粉煤灰	70
块石	10
聚羧酸减水剂	470
引气剂	70

（3.5）计算得到的常规混凝土和堆石混凝土在运输阶段的碳排放对比结果，见图 5.3。

在图 5.3 中可以看出，虽然堆石混凝土在运输块石和粉煤灰过程中产生了较多的碳排放量，但相对于常规混凝土，由于降低了粉煤灰、砂子和石子的用

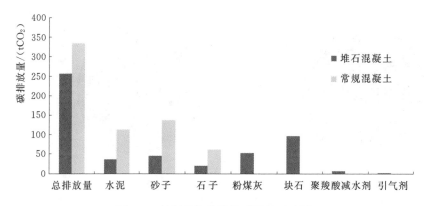

图 5.3　材料运输阶段的碳排放对比图

量，仍然降低了约 25% 的碳排放量。

5.1.4　建设阶段碳排放评价

在建设阶段，现场的机械设备耗油耗电量是能源消耗和碳排放的主要来源。根据第 4 章给出的碳排放计算方法，通过调研该工程的施工组织设计，确定施工流程，施工过程的机械设备种类、型号、事件动作等参数，以及每个事件动作开始时的条件和结束时的资源数量。然后通过工程现场的视频和设计资料确定模型中各事件的时间分布情况，建立堆石混凝土离散事件模型，见图 5.4。

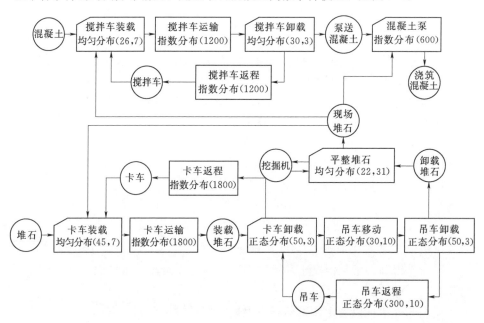

图 5.4　堆石混凝土施工过程的离散事件模型

通过分析该模型输出的结果，将离散事件模型预测的工程进度和实际的工期进度进行比较，见图5.5。

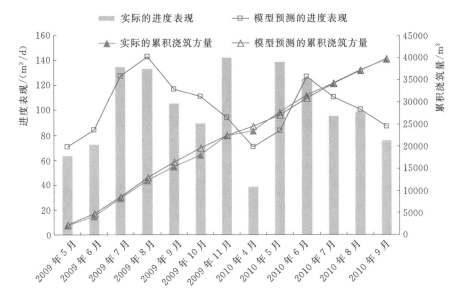

图 5.5　工期进度的验证

由图 5.5 可看出，离散事件模型预测的累积工期进度可以较好地符合实际的工期进度，验证了模型的可靠性。所以继续使用该模型的输出结果，按照式（4.1）～式（4.6），分析建设过程中各类机械设备真实工作状态下的耗油耗电量，以计算碳排放量，结果见表5.3。

表 5.3　　　　　　　　堆石混凝土施工过程机械设备的碳排放量

机械设备	柴油系数 /(kg/h)	电力系数 /(kW·h/h)	总电量 /(kW·h)	总油量 /kg	排放量 /tCO$_2$
单斗挖掘机（1m³）	14			16409.43	50.21
混凝土搅拌站（2×1.5m³）		76	26909.52		31.22
振捣给料机（GZG70-110）		5	1770.36		2.05
胶带输送机（650mm×100mm）		27	9559.96		11.09
胶带输送机（2×650mm×75mm）		42	14871.05		17.25
空气压缩机（20m³/min）		107	37885.77		43.95
螺旋输送机（250mm×30mm）		5	1770.36		2.05
斗式提升机（250mm×30mm）		6	2124.44		2.46
叶式给料机（φ400×400）		2	708.15		0.82

续表

机械设备	柴油系数 /(kg/h)	电力系数 /(kW·h/h)	总电量 /(kW·h)	总油量 /kg	排放量 /tCO₂
混凝土搅拌车（6m³）	12			28317.67	86.65
起重机（10t）		266	160219.89		185.86

在常规混凝土的施工过程中，主要根据以往大量常规混凝土的工程经验、现场的工程条件和设计报告中常规混凝土的施工组织设计，确定常规混凝土的施工流程，然后用同样的方法建立离散事件过程模型，预测各类机械设备的台时数和耗油耗电量，计算碳排放量，结果见表 5.4。

表 5.4　常规混凝土施工过程机械设备的碳排放量

机械设备	汽油系数 /(kg/h)	柴油系数 /(kg/h)	电力系数 /(kW·h/h)	总电量 /(kW·h)	总油量 /kg	排放量 /tCO₂
混凝土泵车（30m³/h）		9			8680.88	26.56
混凝土搅拌站（2×1.5m³）			76	72068.02		83.60
振捣给料机（GZG70-110）			5	4741.32		5.50
胶带输送机（650mm×100mm）			27	25603.11		29.70
胶带输送机（2×650mm×75mm）			42	39827.06		46.20
空气压缩机（20m³/min）			107	101464.18		117.70
螺旋输送机（250mm×30mm）			5	4741.32		5.50
斗式提升机（250mm×30mm）			6	5689.58		6.60
叶式给料机（φ400×400）			2	1896.53		2.20
自卸汽车（5t）	7				66948.21	210.89
起重机（10t）			266	272806.83		316.46
振动器（1.5kW）			2	30075.82		34.89
变频机组（8.5kVA）			8	6967.50		8.08

可以看出，堆石混凝土和常规混凝土筑坝技术具有不同的施工工艺，采用的机械设备也不相同。特别是堆石混凝土技术不需要振捣过程，依靠自密实混凝土的自重和良好的流动性，自动填充到堆石的空隙中。尽管堆石混凝土技术需要自卸汽车等运输块石到施工现场，需要挖掘机等平整块石，但相对于常规混凝土技术，减少了混凝土的生产、运输和浇筑方量。经计算分析，合计约减少 51% 的现场机械设备的碳排放量。基于模拟结果，继续分析各类机械设备碳排放量在建设过程排放量中的比例，结果见图 5.6，为接下来在优化建设过程方案时，确定机械设备的类型提供依据。

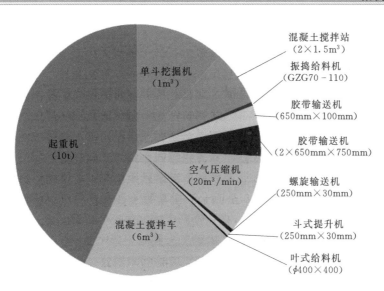

（a）堆石混凝土机械设备排放比例

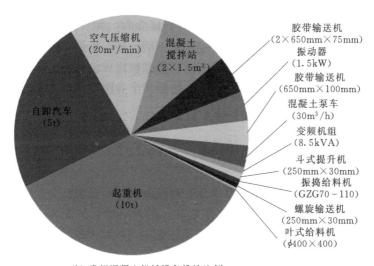

（b）常规混凝土机械设备排放比例

图 5.6　机械设备排放比例

　　如图 5.6 所示，使用起重机产生的碳排放量是建设过程的机械设备碳排放的重要组成部分。在堆石混凝土筑坝过程中，混凝土搅拌车和平整块石的挖掘机的碳排放量分别列第二位和第三位；而对常规混凝土筑坝技术来说，自卸汽车和空气压缩机的耗能排放占到了主要部分。在建设过程的优化分析时，可以对这些主要排放的机械设备的效率进行优化，提高有效工作时间，从而在完成相同工作量的情况下，降低能耗和碳排放量。

5.1.5　运行维护阶段碳排放评价

在运行维护阶段，采用 3.3.4 节已建立的评价方法，首先在设计和总结资料中得两种筑坝技术分别的总投资，然后通过对业主、设计、施工单位 12 位高层管理者访谈，以及对堆石混凝土在建和完工的 40 多个工程案例的调研，确定常规混凝土和堆石混凝土筑坝技术运行维护阶段的每年投资比例约是各自总投资的 2％。然后利用现值折算确定在建设部门总的需求值，进而根据我国 2007 年 135 个部门的投入产出表，计算得到建筑业货币投入对应产生的碳排放量前 25 位的部门列表，见表 5.5。

表 5.5　　　　　　　　　　　各部门产生的碳排放量

部门编号	部　　门	碳排放量/tCO$_2$
92	电力、热力的生产和供应业	473
58	炼钢业	193
50	水泥、石灰和石膏制造业	156
10	非金属矿及其他矿采选业	99
55	耐火材料制品制造业	58
59	钢压延加工业	50
53	玻璃及玻璃制品制造业	47
8	石油和天然气开采业	26
95	建筑业	25
37	石油及核燃料加工业	20
58	炼钢业	20
43	合成材料制造业	18
99	水上运输业	16
39	基础化学原料制造业	16
82	通信设备制造业	16
97	道路运输业	15
6	煤炭开采和洗选业	12
44	专用化学产品制造业	11
68	铁合金冶炼业	9
1	农业	7
62	有色金属压延加工业	6
96	铁路运输业	6

续表

部门编号	部门	碳排放量/tCO₂
10	非金属矿及其他矿采选业	5
61	有色金属冶炼及合金制造业	5
63	金属制品业	5

表 5.5 中第一列是该部门在 135 个部门分类中的编号，第二列是部门的名称，第三列是在总需求产出的情况下，该部门的碳排放当量，累加后即可以得到运行维护阶段的碳排放量。

计算得到两种筑坝技术的碳排放量，见表 5.6。

表 5.6　　　　　　　　　两种筑坝技术的碳排放量对比

筑坝方案	总投资/万元	投入产出法 /(tCO₂ eq)
常规混凝土	382.7	1700
堆石混凝土	318.4	1414

根据表 5.6 的对比结果可以看出，在投入产出法中，成本和排放之间具有线性的关系。堆石混凝土相对于常规混凝土技术降低了建设成本投入，换算到每年的维修成本进行现值折算后，堆石混凝土在运行维护阶段相对于常规混凝土减少约 64 万元的投资，减少了约 15.6% 的碳排放量。从混凝土内部的温度应力产生裂缝而导致大坝维修的角度来看，堆石混凝土大幅降低了水泥用量，温度应力小，相对于常规混凝土更加容易采取温控措施，减少了大坝开裂的可能性，根据在建和已完工的堆石混凝土大坝的调研结果，没有任何的坝体出现贯穿性裂缝，很大程度保证了大坝运行的安全，更有效地降低了运行维护的能耗和碳排放量。因此在运行维护阶段分析得到的减排量是合理的。

其中碳排放的评价结果是根据碳足迹（carbon footprint）衡量温室气体的概念，采用二氧化碳当量（CO_2 eq）作为评价单位。二氧化碳当量主要是指各种类型的温室气体，产生同样的温室气体效应的量，通常以 100 年作为时间期限，用全球变暖潜能值（global warming potential，GWP）表示。主要的温室气体的 GWP 值见表 5.7。

表 5.7　　　　　　　　　各种温室气体全球变暖潜能值

温室气体	化学式	100 年全球变暖潜能值
二氧化碳	CO_2	1
甲烷	CH_4	25
氧化亚氮	N_2O	298

5.1.6 评价计算结果

汇总上述混凝土大坝生命周期各个阶段的碳排放计算结果，两种混凝土筑坝技术在大坝生命周期的能源消耗和碳排放量的对比结果见图 5.7。

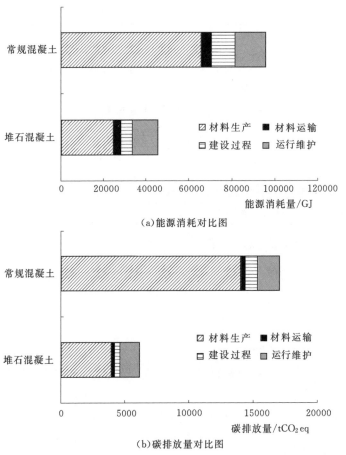

（a）能源消耗对比图

（b）碳排放量对比图

图 5.7 常规混凝土和堆石混凝土筑坝技术比较结果

从能源消耗和碳排放量的对比结果中可以看出，堆石混凝土筑坝技术在生命周期各个阶段，相对于常规混凝土技术都大幅降低了能源消耗和碳排放量，其中在材料生产、材料运输、建设过程和运行维护各阶段分别减排 72%、25%、53% 和 15.6%。堆石混凝土大坝生命周期各个阶段的能源消耗分析中，材料生产占到总能源消耗的 51.7%，材料运输占 8.3%，建设过程占 12.6%，运行维护占 27.4%。碳排放比例分析中，材料生产占 63.8%，材料运输占 4.2%，建设过程占 7.5%，运行维护占 24.5%。

两种混凝土筑坝技术在实现相同大坝功能下浇筑的混凝土方量相同，所以进一步分别计算两种筑坝技术单方混凝土的碳排放量和能源消耗情况，结果见图 5.8。

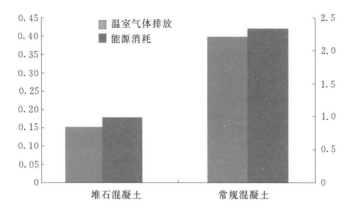

图 5.8 单方混凝土的能源消耗和排放对比图

可以看出在本案例中，堆石混凝土筑坝技术单方混凝土的能源消耗量约为 1.07GJ，碳排放量约为 $0.15tCO_2eq$，常规混凝土筑坝技术的单方混凝土能源消耗量约为 2.35GJ，碳排放当量约为 $0.42tCO_2eq$。采用堆石混凝土可以实现温室气体减排约 64%，降低能源消耗约 55%。相对于常规混凝土筑坝技术，堆石混凝土是一种更为低碳的筑坝技术。

5.2 方法对比和结果讨论

5.2.1 评价方法对比

继续采用 Zhang 等[99] 评价水力发电效益时，使用的投入产出法分析该工程案例，将评价的结果和研究提出的混凝土大坝生命周期评价方法分析的结果进行比较。对比结果见表 5.8。

表 5.8 评价结果对比

筑坝方案	总投资/万元	投入产出法/tCO_2eq	本研究方法/tCO_2eq	结果相差比例/%
常规混凝土	2082.7	9251.63	17022.66	84.00
堆石混凝土	1818.4	8077.58	6080.13	−24.37
减排量		12.69%	62.68%	

从表 5.8 中可以看出，采用投入产出法评价两种混凝土大坝生命周期的碳排放量时，由于该方法代表了整个建设部门的平均水平，直接和投资呈线性关系，当两种筑坝技术的投资相似时，得到的碳排放量也是相似的。在对恒山工

程案例的分析中，堆石混凝土相对于常规混凝土的减排量结果只有
12.69%[81]，而本书中提出的混凝土大坝生命周期评价方法的分析结果显示减
排量达到 62.68%。本书的方法计算得到的常规混凝土碳排放量是投入产出法
结果的 1.84 倍，堆石混凝土碳排放量是投入产出法结果的 75.27%。可以看
出，投入产出法低估了常规混凝土的碳排放量，高估了堆石混凝土的碳排放
量，不适用于比较评价在同一建设部门的不同建设技术。在对比分析两种筑坝
技术时，该方法只能通过分析得到投资相差的比例，难以计算得到实际的碳减
排量。

5.2.2　评价结果讨论

结合恒山工程案例，分析在材料生产、材料运输、建设过程、运行维护四
个阶段中常规混凝土和堆石混凝土两种筑坝技术的碳排放量。可以看出，混凝
土大坝生命周期的碳排放量是不可以忽略的，相对于常规混凝土，堆石混凝土
筑坝技术减少了约 64% 的碳排放当量，降低了约 55% 的能源消耗。在混凝土
生命周期各阶段的碳排放比例中，材料生产占 63.8%，运输过程占 4.2%，
建设过程占 7.5%，运行维护占 24.5%。研究提出的方法和已有文献采用的
投入产出法相比，可以客观地反映不同筑坝技术的碳排放量，衡量低碳筑坝
技术的碳减排量，验证了基于生命周期混凝土大坝碳排放评价计算模型的合
理性。

根据生命周期评价的框架，继续对评价的结果进行解释和讨论。从以上的
分析可以看出，混凝土大坝在生命周期的各阶段都会消耗大量能源，产生排
放，其中以材料生产阶段最为突出。这是由于筑坝的主要材料消耗在第一次的
建设阶段，而材料生产的过程是能源密集的，特别是混凝土原材料的生产过
程。虽然也有研究在讨论混凝土养护阶段的碳吸附问题，但案例分析中不考虑
这部分的内容，因为碳吸附的情况只发生在碳纯度为 100% 的情况下[140]，而
实际的大坝混凝土都是在标准的大气环境下养护。尽管在混凝土中添加碳化组
分可以实现碳捕捉[141]，但由于碳捕捉的技术成本很高，目前还没有具有可操
作性的碳捕捉技术在大型建设项目中实现[142]，混凝土依然是碳排放密集的材
料[8]。通过比较堆石混凝土和常规混凝土的碳排放表现，可以看出堆石混凝土
大幅度地减少了生命周期的能源消耗和排放量，主要是因为尽管块石在开采和
运输阶段会产生排放，但总体排放系数要远低于混凝土，而且粉煤灰替代了自
密实混凝土中的大量水泥，进一步降低了排放。因此本书的研究可以帮助决策
者找到排放密集的来源，提前制定相应的减排方案，并比较不同建设方案的碳
排放量，以降低混凝土大坝生命周期的碳排放。

在评价结果中可以看出，堆石混凝土中块石的开采和运输阶段的排放只占

生命周期总排放量的很少比例。在计算块石开采阶段的碳排放系数时，在ELCD、CLCD数据库中都不能直接得到相关数据，因为块石在以往的工程经验中经常被作为原材料多次粉碎，得到不同粒径的骨料，没有直接被当做混凝土中的一部分使用。块石材料可以从工程周围山体或者河流中直接开采，不需要其他的加工制作，所以在本案例分析中假设块石的能源和排放系数为骨料的一半，而后者的排放系数可以在ELCD数据库中直接获得。在结果分析中得到块石开采阶段的碳排放量只占到材料生产阶段的2.61%，占整个生命周期阶段碳排放的约1.7%。因此研究中的假设并不会影响到堆石混凝土相对于常规混凝土技术减少碳排放的结论。堆石混凝土运输阶段的排放主要集中在运送块石部分，在恒山工程的案例分析中，块石是从周围的山体开采后，运输到工程现场，运输距离大约是10km。运输距离作为评价运输阶段碳排放量的重要参数，对评价结果的影响需要进一步讨论，因此本研究针对运输距离进行敏感性分析。由于大坝经常建设在峡谷地带，周围多山体和河流可以开采块石，因此将本案例中的运输距离改变为20km、30km、40km、50km和100km，相应的温室气体减排约为63.9%、63.4%、62.8%、62.2%和59.4%。相对于10km时的减排比例64.4%，可以看出改变块石的运输距离不会明显改变使用堆石混凝土筑坝技术的碳减排效益。在大坝生命周期的评价结果中材料生产阶段的排放占了重要的组成部分，其中水泥生产过程是碳排放的主要来源，进一步对水泥的碳排放系数进行敏感性分析，当碳排放系数变化5%、10%时，堆石混凝土相对常规混凝土的碳减排量变化约为0.9%、1.8%。相对于64.4%的减排比例，减排效益仍很显著。

在运行维护阶段的评价中，本书中采用我国2007年135个部门的投入产出表，在部门的分类数量上，要少于美国2002年投入产出表中的428个部门。在我国的投入产出表分类中，只有建设部门的集中分类，没有细化到维修和初次建设等分类。所以在评价过程中只能采用我国投入产出表中的建设部门分类，为了讨论以建筑业货币投入对应的碳排放代替建筑维护过程货币投入对应的碳排放的可行性，选择美国2002年的投入产出表的建设部门和其子部门维修部门，分别评价相同投入情况下的碳排放量，结果显示，建设部门的碳排放量只超过了其子部门评价结果的4.27%，运行阶段的碳排放量约占生命周期排放量的24.5%，所以该评价方法对最后结果影响只有约1%；而且在该阶段的碳排放评价中，本研究中只考虑了建设部门总投资的情况，随着我国投入产出表的部门分类更加细化，可通过工程调研将各类维修活动具体化，确定维修活动所属的部门，然后利用该部门的投入产出关系确定相应维修活动的碳排放量，以更好地分析各类维修活动的排放表现，确定碳排放的主要来源。

5.3　施工方案效益优化

5.3.1　建设方案对比

在分析了堆石混凝土作为低碳筑坝技术的减排优势后，对比和优化建设过程是承包商可以进一步减少项目排放的有效途径，在此过程中，分析随着碳排放量的优化，成本和进度的相应变化关系。

以堆石混凝土恒山工程案例的设计方案作为基准情景，起重机和搅拌车的数量分别是 1 和 2。在离散事件模型的分析结果中显示，建设过程中的起重机和搅拌车是主要的碳排放来源，占到整个机械设备排放的 60% 以上，其中起重机的碳排放量是最主要的组成部分。如式（4.3）所示，用每种机械设备的事件活动的总时间除以该类型设备模拟的总时间，得到机械设备的使用效率。以起重机为例，通过分析图 5.4 建立的离散事件模型输出的起重机的每个事件动作时间，根据式（4.1）的方法，设备运行的总时间 T_{opeating} 可以具体按照式（5.1）计算。

$$T_{\text{operating}} = T_{\text{Unload}} + C_{\text{Move}} + C_{\text{Unload}} + C_{\text{Back}} \tag{5.1}$$

式中：T_{Unload} 为卡车卸载块石到起重机上，也即是起重机的装载块石的事件总时间；C_{Move} 为起重机运输移动的事件发生总时间；C_{Uload} 为起重机卸载块石的事件发生总时间；C_{Back} 为起重机返回的事件发生总时间。

起重机设备的使用效率 OE 按照式（5.2）来计算。

$$OE = \frac{T_{\text{operating}}}{SiM \cdot N} \tag{5.2}$$

式中：N 为起重机的数量；SiM 为图 5.4 离散事件模型中的模拟事件。

待工时间的计算按照式（4.3）计算。

分析得到：在基准情景下起重机和搅拌车的使用效率都达到了 80%以上，而且这两种机械设备的使用效率受到自卸汽车的数量限制。所以在优化的过程中，可以变更起重机这种最重要的碳排放因素的数量，分析不同情景下的搅拌车和自卸汽车数量的最优组合，模拟不同情况下的碳排放表现、成本表现和进度表现。起重机数量为 1（基准情景）、2（设计情景）和 0（设计情景）时，碳排放表现的评价结果组图见图 5.9。

从图 5.9 中可以看出，在基准情景下，最优的碳排放表现是在搅拌车和自卸汽车的数量分别是 2 和 6 的时候，碳排放表现达到 24.2m³/CO₂。随着搅拌车和自卸汽车数量的增加，式（4.13）中的 N 值增大，每种机械设备的使用效率降低，待工时间增加，整体的碳排放表现下降。在起重机数量为 2 的情况

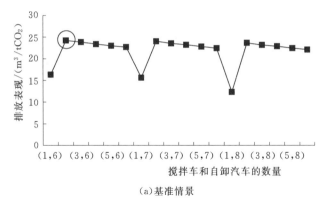

(a)基准情景

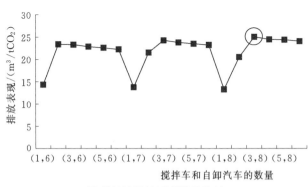

(b)设计情景(起重机数量为 2)

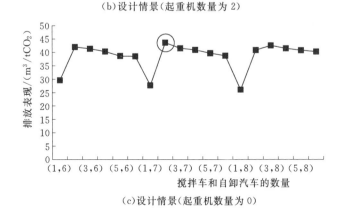

(c)设计情景(起重机数量为 0)

图 5.9 各种情景下的碳排放表现

下,最优的碳排放表现对应搅拌车和自卸汽车数量分别是 3 和 8。受到施工现场仓面的限制,无法安排两台挖掘机同时作业,在离散事件模型的输出结果显示起重机、自卸汽车和搅拌车的使用效率受到了限制,碳排放表现只达到 25.04m³/CO₂。在工作量一定的情况下,每种设备的有效操作时间是一定的。如果设备的使用效率不变,单纯地增加起重机、搅拌车和自卸汽车的数量来提高设备的操作时间，从而提高工作的完成量，并不会明显提高整体的碳排放表现。当大坝浇筑高度较低，现场条件允许自卸汽车直接上坝运输块石时，不采用起重机运输块石，情景 3 的排放表现可以明显提高，当搅拌车和自卸汽车的数量分别是 2 和 7 时，最优的碳排放表现达到 $43.58m^3$/CO_2。相对于情景 1 和情景 2 的结果，可以看出不同的机械设备组成方案，对建设过程的碳排放表现具有较大的影响。在建设过程中，要根据施工现场的条件，选择合适的施工方案，以有效地提高整个建设过程的碳排放表现，降低碳排放量。

5.3.2　排放、成本和进度表现

在第 1 章和第 4 章的分析中可知，承包商在优化建设过程施工方案时，会重点考虑成本、进度等要素，在优化碳排放表现、降低碳排放量时是否以项目的成本和进度为代价，是承包商关心的问题，所以继续分析在上述 3 种情景的最优碳排放表现的情况下的成本和进度表现，得到的排放、成本和进度的表现结果见图 5.10。

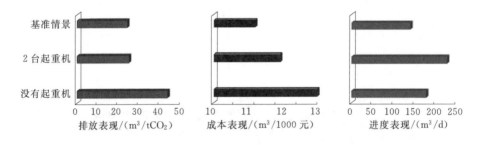

图 5.10　各种情景下成本、进度和排放表现

可以看出，在起重机数量为 2，搅拌车和自卸汽车数量分别是 3 和 8 时，由于起重机数量增加，加快了完成相同工作量时的工程进度，进度表现出显著的提高，达到 $230m^3$/d；随着设备数量的增多、工期的大幅缩短、单价不变时，总成本整体降低，成本表现提高；在 5.3.1 节的分析中可知，每台设备的使用效率没有明显的提高，由于增加设备而提高了设备的总体操作时间和工作量，排放表现没有明显的变化，而且这种情景下需要租用大量机械设备，对施工场地布置和设备的进出场成本管理提出了更高的要求。在坝高较低处可以不采用起重机运输块石时，相对于基准情景，成本和排放表现都有大幅度提高，进度表现稍微提高。这主要是由于起重机单位台时的能耗系数和成本系数要远远高于自卸汽车，尽管起重机运输块石的工作效率要高于自卸汽车直接上坝运输块石，但是缩短工期带来的经济效益要低于设备的投入成本，所以在现场条

件许可的时候可尽量采用自卸汽车运输块石，以提高项目整体的排放表现。当然在难以修建上坝道路、自卸汽车很难运输到达的坝体位置时，仍要考虑搭建起重机设备进行块石运输，这时需要研究施工组织设计，分析排放、成本进度关系，以选择适当的设备数量。

基于上述讨论，进一步量化 3 种情景（起重机数量分别为 0、1、2）下，排放和成本、进度的变化关系。在分析的过程中固定了每种情景中自卸汽车的数量，对比不同搅拌车数量时排放和成本、排放和进度的关系曲线，结果见图 5.11～图 5.16。

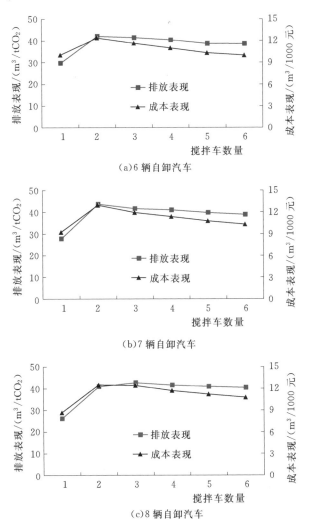

(a)6 辆自卸汽车

(b)7 辆自卸汽车

(c)8 辆自卸汽车

图 5.11 起重机数量为 0 时排放和成本表现的关系

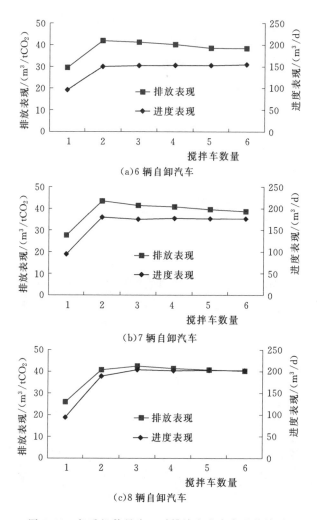

(a)6 辆自卸汽车

(b)7 辆自卸汽车

(c)8 辆自卸汽车

图 5.12　起重机数量为 0 时排放和进度表现的关系

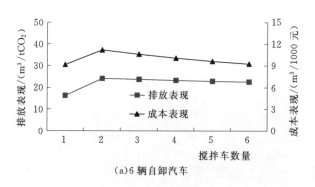

(a)6 辆自卸汽车

图 5.13（一）　起重机数量为 1 时排放和成本表现的关系

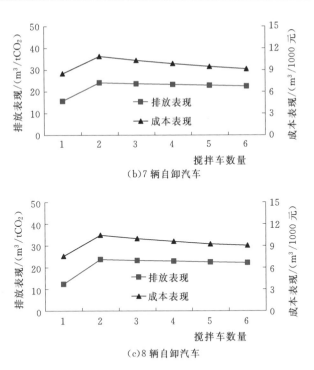

(b)7辆自卸汽车

(c)8辆自卸汽车

图 5.13（二） 起重机数量为 1 时排放和成本表现的关系

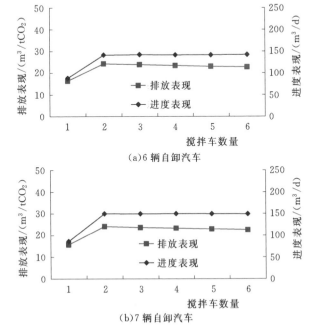

(a)6辆自卸汽车

(b)7辆自卸汽车

图 5.14（一） 起重机数量为 1 时排放和进度表现的关系

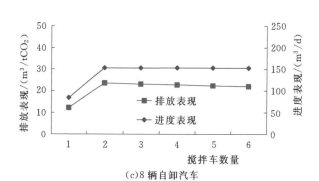

（c）8 辆自卸汽车

图 5.14（二）　起重机数量为 1 时排放和进度表现的关系

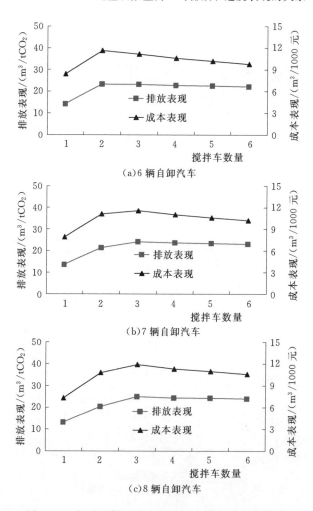

（a）6 辆自卸汽车

（b）7 辆自卸汽车

（c）8 辆自卸汽车

图 5.15　起重机数量为 2 时排放和成本表现的关系

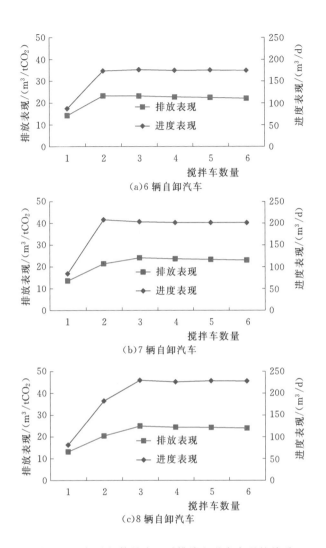

(a)6辆自卸汽车

(b)7辆自卸汽车

(c)8辆自卸汽车

图 5.16 起重机数量为 2 时排放和进度表现的关系

　　图 5.11～图 5.16 中分析了每种情景中自卸汽车数量固定、搅拌车数量变化时，排放、成本和进度的变化情况。可以看出在各种情景分析中，项目整体的排放和成本表现、排放和进度表现之间的变化趋势具有相似性，但不完全相同。最优的排放表现并不能代表最高的成本和进度表现，例如在图 5.15 和图 5.16 中当自卸汽车的数量是 7 时，3 辆搅拌车可以达到最好的碳排放表现，但成本表现最好的是在搅拌车数量为 2 时。而且在图 5.11～图 5.14 中，当搅拌车的数量达到 2 以后，排放都变现出略微下降的趋势，与此同时成本表现趋势相对排放的下降比例较大，而进度表现则表现略微上升的趋势，这是由于在当

搅拌车的数量达到 2 之后，继续增加搅拌车数量，会造成每辆搅拌车的使用效率降低，待工时间提高，式（4.13）中的分母变量提高，碳排放表现整体降低。而且每辆搅拌车每天具有固定的使用成本，虽然进度略微提高，机械设备的使用时间减少，但在单价不变的情况下，总成本仍然随着设备数量的增加而提高，所以成本表现也出现了整体下降的趋势。

进一步将图 5.13 和图 5.14 中 1 辆起重机时，3 种自卸汽车数量的情况合并，继续分析当搅拌车数量相同时，随着自卸汽车数量的变化，排放和成本、进度间的相互变化关系，见图 5.17。

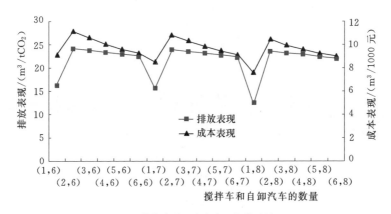

（a）排放表现和成本表现的关系图

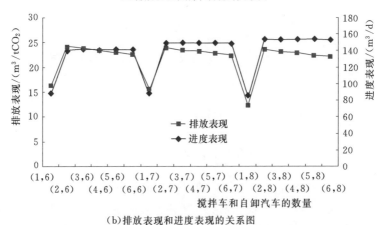

（b）排放表现和进度表现的关系图

图 5.17　起重机数量为 1 时排放和成本、进度的关系

在图 5.17 中可以看出，随着自卸汽车数量的增加，同样搅拌车数量情况下的排放和成本的表现也都在略微下降，但进度的表现提高。和图 5.11～图 5.14 的分析结果相似，单纯提高自卸汽车的数量，也不能有效地提高机械设备整

体的使用效率，使用更多数量的机械设备只能增加设备整体的待工时间，增加了使用成本和碳排放量，降低了排放和成本的表现，而且对进度只是有限的提高。

因此，在选定低碳筑坝技术后，根据已建立的离散事件模型，对恒山工程案例的 3 种建设过程情景进行分析，评价各种情景下的碳排放表现，结果显示，不同的机械设备的组成方案，对建设过程的碳排放表现具有较大的影响，提高机械设备使用效率、减少待工时间可以显著地提高碳排放表现。对比在各种情景下的最优碳排放表现时的成本、进度变化关系，可以看出在不同的情景分析中，3 个变量受到不同因素的影响，变化趋势具有相似性，但不完全相同。为了定量地得到在优化过程中排放和成本、进度的关系，结合上述的优化过程，采用相关分析法继续分析各种情景下的排放和成本、排放和进度间关联系数，定量研究 3 个变量之间的相互作用关系。

5.3.3　排放和成本、进度间的关系

根据第 4 章中给出的相关分析法，分别以上述 3 种情景下的排放、成本和进度值作为变量值，每种情景有 3×6 共 18 个变量。在 SPSS 16.0 for windows 中输入所有的变量值，进行关联分析，结果见表 5.9～表 5.11。

表 5.9　　　　　　　不采用起重机时的排放和成本、进度的关系

情景	相关分析	HS_C0_E	HS_C0_C	HS_C0_S
HS_C0_E	Pearson 相关系数	1	0.851[①]	0.869[①]
	Sig.（双边检测）		0.000	0.000
	样本数量	18	18	18
HS_C0_C	Pearson 相关系数	0.851[①]	1	0.688[①]
	Sig.（双边检测）	0.000		0.005
	样本数量	18	18	18
HS_C0_S	Pearson 相关系数	0.869[①]	0.688[①]	1
	Sig.（双边检测）	0.000	0.005	
	样本数量	18	18	18

① 相关性在 0.01 水平上是显著的（双边）。

表 5.10　　　　　　起重机数量为 1 时的排放和成本、进度的关系

情景	相关分析	HS_C1_E	HS_C1_C	HS_C1_S
HS_C1_E	Pearson 相关系数	1	0.813[①]	0.936[①]
	Sig.（双边检测）		0.000	0.000
	样本数量	18	18	18

情景	相关分析	HS_C1_E	HS_C1_C	HS_C1_S
HS_C1_C	Pearson 相关系数	0.813①	1	0.616①
	Sig.（双边检测）	0.000		0.006①
	样本数量	18	18	18
HS_C1_S	Pearson 相关系数	0.936①	0.616①	1
	Sig.（双边检测）	0.000	0.006	
	样本数量	18	18	18

① 相关性在 0.01 水平上是显著的（双边）。

表 5.11　起重机数量为 2 时的排放和成本、进度的关系

情景	相关分析	HS_C2_E	HS_C2_C	HS_C2_S
HS_C2_E	Pearson 相关系数	1	0.922①	0.947①
	Sig.（双边检测）		0.000	0.000
	样本数量	18	18	18
HS_C2_C	Pearson 相关系数	0.922①	1	0.883①
	Sig.（双边检测）	0.000		0.000
	样本数量	18	18	18
HS_C2_S	Pearson 相关系数	0.947①	0.883①	1
	Sig.（双边检测）	0.000	0.000	
	样本数量	18	18	18

① 相关性在 0.01 水平上是显著的（双边）。

通过分析表 5.9～表 5.11 的评价结果可以看出，除了在不采用起重机、起重机数量为 1 时成本和进度的相关系数在 0.7 以下，其余变量间的相关系数均达到了 0.8 以上，显著性水平都达到了 0.01 以下，排放和成本、排放和进度之间都达到了强相关的关系。采用典型分析法继续分析这 3 种情景，根据式（4.12）分别计算 3 个要素的相关指数的均数，结果见表 5.12。

表 5.12　3 种情景下各变量相关指数的均数值

变量	起重机数量		
	0	1	2
排放	0.74	0.77	0.87
成本	0.60	0.52	0.82
进度	0.61	0.63	0.84

可以看出，在 3 种情景下，排放表现相关指数的均数值最高，可以作为典

型指标。

采用相关分析法继续分析了在各种情景下，变化搅拌车和自卸汽车的数量时排放和成本、进度变量之间的关系，结果显示3个变量的变化趋势具有强相关关系。利用典型分析法计算在各种情景分析中3个变量相关指数的均数值，结果显示排放指标可以作为建设过程的优化指标。在建设方案优化的过程中，良好的排放表现并不是以牺牲成本为代价，很大程度上确保了较好的成本和进度表现。因此建设管理者、承包商等在选定了筑坝技术、进一步优化筑坝操作过程时，可以考虑将排放表现指标作为典型的过程优化指标，合理安排施工组织设计，实现碳排放的过程管理，从而有利于在建设过程中，提高建设过程中排放、成本和进度3个变量的整体表现。

5.4 筑坝技术对比分析

通过上述的案例分析可以看出，研究建立的基于生命周期的混凝土大坝评价计算模型可以较好地分析混凝土大坝生命周期各阶段的碳排放量，比较各类筑坝技术，衡量低碳筑坝技术的碳减排量，给出优化建设过程的减排方案和优化指标，从而验证了已建立模型的可行性。为了更客观地反映各类筑坝技术的碳排放量，针对调研获得的其他12个工程案例，按照上述的恒山案例的评价过程，在分析通过调研设计结算资料、物资消耗表，拍摄工程视频和高层访谈等方法获得的数据内容后，基于真实的设计和建设过程，计算所有工程案例在生命周期各个阶段的碳排放量，然后按照生命周期功能单位的概念分析结果，比较各类筑坝技术单方混凝土的碳排放量，结果见图5.18。

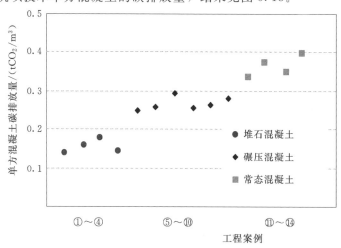

图 5.18 单方混凝土碳排放量对比图

在图 5.18 中，4 个堆石混凝土工程案例横坐标从左到右依次是清峪水库、山西围滩水电站、中山长坑水库、恒山水库（图 5.8 中①～④）；6 个碾压混凝土工程案例依次是金沙江龙开口水电站、鲁地拉水电站、四川武都水电站、向家坝水电站、龙滩水电站、沙牌水电站（图 5.8 中⑤～⑩）；4 个常态混凝土工程案例依次是湖南托口水电站、溪洛渡水电站、富宁谷拉水电站和恒山水库（原设计方案）（图 5.8 中⑪～⑭）。

可以看出，在结合 14 个工程案例的调研数据分析中，3 种筑坝技术的单方碳排放量具有较明显的区分。堆石混凝土的单方碳排放量为 0.14～0.2t，碾压混凝土的单方碳排放量为 0.25～0.3t，常规混凝土的单方碳排放量为 0.32～0.4t。相对于常规混凝土和碾压混凝土，堆石混凝土的单方碳排放量都有明显的降低，碳减排量达到了 30％～60％。通过分析研究结果，得到了堆石混凝土筑坝技术是一种更为低碳的筑坝技术的结论。

第6章 溪洛渡水电站工程碳排放评价

6.1 案 例 评 价

6.1.1 案例选择简介

溪洛渡水电站位于四川省雷波县与云南省永善县接壤的金沙江溪洛渡峡谷中，下游距四川省宜宾市 184km，左岸距四川省雷波县城约 15km，右距云南省永善县城约 8km，是一座以发电为主，兼有拦沙、防洪和改善下游航运等综合效益的大型水电站。溪洛渡水电站枢纽由拦河大坝、泄洪建筑物、引水发电建筑物等组成。挡水建筑物采用混凝土抛物线双曲拱坝，坝顶高程为 610.00m，建基面最低高程为 324.50m，最大坝高为 285.50m，是目前国内第三高拱坝，坝顶拱冠厚度为 14.00m，坝底拱冠厚度为 60.00m，顶拱中心线弧长为 681.51m，厚高比为 0.216，弧高比为 2.451。溪洛渡拱坝坝前正常蓄水位高程为 600.00m，死水位高程为 540.00m，水库总库容 128 亿 m^3，防洪库容 46.5 亿 m^3，调节库容 64.6 亿 m^3。溪洛渡电站采取"分散泄洪、分区消能"的布置原则，泄洪建筑物包括坝身布设的 7 个表孔、8 个深孔以及布置在坝后的水垫塘及布置在两岸山体内的 4 条泄洪洞。溪洛渡电站为地下式厂房，厂房分设在左岸、右岸山体内，左岸、右岸各安装有 9 台单机容量为 770MW 的巨型水轮发电机组，总装机容量为 13860MW，是目前国内第二大水力发电站（图 6.1）。

6.1.2 材料生产碳排放评价

溪洛渡水电站工程采用常态混凝土施工，混凝土配合比是在室内试验研究结果的基础上，通过现场工艺性试验验证后批准生产。在生产过程中，业主试验中心、试验监理工程师、施工单位试验室共同根据原材料品质状况、气候条件、施工条件、技术要求的实时变化对大坝混凝土施工配合比进行了多次微调、优化，确保了施工配合比实时、动态地满足了设计指标和施工要求。以610 混凝土系统为例，大坝混凝土施工配合比见表 6.1。

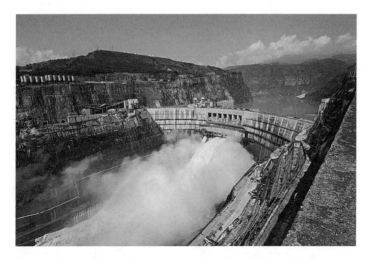

图6.1　溪洛渡水电站（中国长江三峡集团公司供图）

表6.1　　　　　　　　　　大坝混凝土施工配合比

设计指标	级配	粉煤灰掺量/%	砂率/%	粗骨料比例（特大石：大石：中石：小石）	外加剂掺量		材料用量/（kg/m³）		
					减水剂/%	引气剂/10⁻⁴	水	水泥	粉煤灰
C₁₈₀40 F300W15	四	35	23	25：30：24：21		3.7	81	129	69
	三	35	27	0：40：30：30			91	144	78
							95	151	81
	三富浆	35	30				98	155	84
	二	35	33	0：0：55：45			114	181	97
							117	185	100
C₁₈₀35 F300W14	四	35	24	25：30：24：21	0.70	4.0	82	118	64
	三	35	28	0：40：30：30			92	133	71
							96	138	75
	三富浆	35	31				99	143	77
	二	35	34	0：0：55：45			115	166	90
							118	170	92
C₁₈₀30 F300W13	四	35	25	25：30：24：21		4.3	83	110	59
	三	35	29	0：40：30：30			93	124	66
							97	129	69
	三富浆	35	32				100	133	71
	二	35	35	0：0：55：45			116	154	83
							120	159	86

根据上述的各级配混凝土的配合比以及水泥、粉煤灰、减水剂、引气剂、粗骨料和细骨料的检测结果，按照第 2 章的碳排放系数的计算方法，分别计算出混凝土各配合比下的各组分的碳排放系数，见表 6.2。

表 6.2　　　　　　　　　　单方混凝土的碳排放系数

设计指标	水胶比	级配	碳排放/(tCO$_2$/m³)
C$_{180}$40 F300W15	0.41	四	0.35
		三	0.38
		三富浆	0.39
		二	0.43
C$_{180}$35 F300W14	0.45	四	0.32
		三	0.36
		三富浆	0.38
		二	0.42
C$_{180}$30 F300W13	0.49	四	0.30
		三	0.35
		三富浆	0.38
		二	0.41

在计算过程中发现，水泥生产过程中的是碳排放的主要来源，约占单方混凝土碳排放量的 80%。粉煤灰主要来源于火电发电后的附属产品，需根据其来源和组分计算其碳排放量，约占单方混凝土排放量的 5%。在骨料生产排放方面，相对于粗骨料，细骨料在生产过程中，需要更多的冲击和磨碎，机械设备产生更多的碳排放，骨料排放约占单方混凝土碳排放量的 10%。虽然单方混凝土的减水剂含量只有 0.7%，但减水剂的制造过程碳高度密集，贡献了大约 5% 的碳排放量。

6.1.3　机械设备工作碳排放评价

溪洛渡工程施工进度属于国内先进水平。施工组织设计时首先立足于国内现有的施工水平，同时还采用了国内外先进的施工技术和施工机械，以机械化作业为主。在施工机械设备选型和配套设计时，根据各单项工程的施工方案、施工强度和施工难度，工程区地形和地质条件，以及设备本身能耗、维修和运行等因素，择优选用电动、液压、柴油等能耗低、生产效率高的机械设备。

施工机械设备主要以油耗设备和电耗设备为主。其中土石方开挖和填筑项目以油耗设备为主，喷锚支护、灌浆及基础处理等项目以电耗设备为主，混凝土浇筑项目既有油耗设备又有电耗设备。在分析和统计施工生产过程中设备能耗总量和能源利用效率指标时，以《水力发电建筑概算定额》（1997）和《水电工程施工机械台时定额费》（2004）为计算基础，结合各单项工程的施工方法、机械设备配套和选型以及施工总布置情况计算确定。经调研和查找定额计算标准，以混凝土浇筑项目为例，施工期机械设备的碳排放系数见表6.3。

表6.3　　　　　　　　　　　机械设备的碳排放系数

设备	数量	单价	电力/(kW·h)	耗油/(kg/h)	排放/(tCO$_2$/h)
卡车	4	254.71		20	0.0612
推土机	2	201.33		20	0.0612
起重机	2	376.68	470		0.36331
振捣机	2	627.63		20	0.0612
挖掘机				14	0.04284
搅拌机				11	0.03366
容量斗	2	34.99			
人工	6	28			

在混凝土浇筑过程中，仓面混凝土采用缆机入仓、平铺法分层浇筑，在倾斜面上浇筑混凝土时，从低处开始浇筑，浇筑面应保持水平，混凝土坯层厚度按50cm控制。进仓后的混凝土采用SD13S型平仓机进行平仓，VBH13S－8EH型振捣车进行振捣。对于平仓机和振捣车配置应视缆机配备及仓面情况而定，原则上每台缆机配一台平仓机和一台振捣车。自卸卡车将拌和后的混凝土缆机吊罐卸料后，先平仓后振捣。在Stroboscope平台模拟真实混凝土浇筑过程，见图4.3。

根据模型输出的各类机械设备操作和待工时间结果，按式（4.4）～式（4.6）和单位时间的碳排放系数，计算各类机械设备在施工期的碳排放量。以施工28d浇筑14.9万m^{3}混凝土为例，选择施工过程中主要排放设备卡车、推土机、起重机和振捣机，分析生命周期评价（LCA）和离散事件模拟（DES）两种方法的计算的碳排放量，其中生命周期评价方法采取设计文件和项目实际统计资料两种情景进行核算，各机械设备的碳排放量对比结果见图6.2。

可以看出，在工程现场的各类施工设备中，起重机是碳排放的主要来源。采用LCA方法，根据设计文件资料计算的机械设备碳排放评价结果最高，因为在设计情景下，机械设备在现场停机的时间都作为操作时间计算碳排放量，与真实的施工过程差距明显。根据项目实际统计资料计算时，将现场机械设备操作状态和停机状态分开，机械设备的碳排放量明显降低。特别是起重机，在

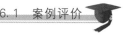

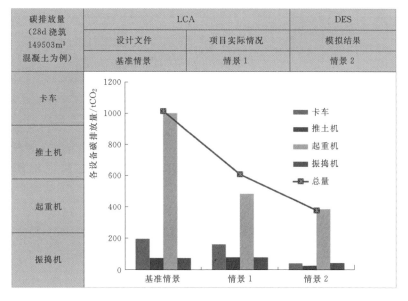

碳排放量（28d 浇筑 149503m³ 混凝土为例）	LCA		DES
	设计文件	项目实际情况	模拟结果
	基准情景	情景 1	情景 2
卡车 推土机 起重机 振捣机			

图 6.2 筑坝仓面的各设备的碳排放比重

施工现场使用的频率相对较低，碳排放量下降约 50%。采用 DES 模拟的方法，进一步将操作状态细分为真实工作和待工两种情景，由于待工阶段的碳排放系数约为真实工作状态的 20%，所以各类机械设备碳排放量进一步降低，根据显示结果，卡车、推土机、振捣机的碳排放量相对于项目统计资料计算情景下降都超过 50%，这是因为这 3 种机械设备施工过程中，要配合起重机共同工作，卡车负责将混凝土运至起重机吊罐内，推土机和振捣机则负责在起重机将混凝土运至大坝仓面后，尽快平整和振捣混凝土，使之密实。3 种机械设备在保证起重机提高作业效率的同时，待工时间相对较长，所以采用 DES 方法分析碳排放量时，下降明显。因此通过案例分析可知，DES 模拟方法直接反映了施工现场机械设备的真实工作性态，减少了现场观测和统计成本。

在施工现场管理中，机械设备的安全运行和降低工程成本是重点关注的问题。但从节能降耗，实现碳排放过程管理的角度来看，降低机械设备的待工时间，提高实际操作效率，可以有效地降低等待过程中的碳排放量，进而降低设备操作成本。特别是对于机械设备中的主要排放来源——起重机而言，可通过优化操作时间，协调调配混凝土运输卡车、仓面平整和振捣设备，增加起重机有效工作时间，进而降低建设过程中的整个机械设备部分的碳排放量。

6.1.4 总工程量碳排放评价

根据调研结果，溪洛渡水电站工程量见表 6.4。

表 6.4　　　　　　　　　　　　主要工程量完成情况

项目	单位	2010 年前完成	2011 年完成	2012 年完成	累计完成
混凝土浇筑	m³	1978271.1	2169155.95	1501160	5648587.05
钢筋制作安装	t	14575.036	30251.23	20208.16	65034.426
固结灌浆	m	213632.4	87873.7	44857.2	346363.3
帷幕灌浆	m	51061.5	134766.9	145433.1	280200

采用和混凝土浇筑过程分析相同的方法，分析钢筋制作安装、固结灌浆、帷幕灌浆等项目的碳排放系数，评价结果为混凝土浇筑单位碳排放指标约为 $67tCO_2/万\ m^3$，钢筋制作安装的碳排放系数约为 $1.2tCO_2/t$，固结灌浆的碳排放系数约为 $5.8kgCO_2/m^3$，帷幕灌浆的碳排放系数约为 $19kgCO_2/m^3$。依据表 6.4 中数据和上述分析结果，结合施工总进度计划统计得出主体工程的碳排放量年度表见表 6.5。

表 6.5　　　　　　　　主体工程碳排放量进度表　　　　　　单位：万 tCO_2

项目	2010 年前排放	2011 年完成	2012 年完成	累计排放
混凝土浇筑	1.32	1.45	1.01	3.78
钢筋制作安装	1.75	3.63	2.43	7.81
固结灌浆	0.13	0.05	0.03	0.21
帷幕灌浆	0.10	0.26	0.28	0.64
合计	3.30	5.39	3.75	12.44

通过表格可以看出，2011 年是溪洛渡水电站主体工程施工期油耗高峰年和电耗高峰年，混凝土浇筑的碳排放量达到 1.45 万 tCO_2，钢筋制作安装项目的碳排放量达到 3.63 万 tCO_2。在浇筑过程中，主要耗油设备为渣料挖装机械及运输车辆，主要耗电设备为运输设备及振捣设备，钢筋制作安装的碳排放量主要来自于钢筋的生产过程。同时结合 6.1 节中已计算的各类配合比下的混凝土碳排放量和原材料运输过程的碳排放量，得到混凝土生产的碳排放量进度表见表 6.6。

表 6.6　　　　　　　　　混凝土生产碳排放量　　　　　　单位：万 tCO_2

项目	2010 年前排放	2011 年完成	2012 年完成	累计排放
混凝土生产	76.4	84.8	59.4	220.6

通过表中数据可以看出，跟恒山案例相似，混凝土原材料生产的碳排放量要远远高于施工阶段的碳排放，消耗更多的能源。但配合比的设计和优化、钢筋用量的设计主要是在设计阶段完成，在施工阶段通过施工组织设计优化和节

能管理，主要降低施工期主要机械设备的能耗、生产性建筑物的能耗、营地能耗和加工工厂的能耗，有助于承包商实现节能减排的任务指标。所以需要在施工期对这部分的能耗进行详细的分析，通过对比优化前后的耗能量和碳排放量，计算节能减排指标，科学评价施工过程的节能减排措施成效。

6.2　主要节能减排的措施分析

6.2.1　混凝土运输系统及"仓面一条龙"措施

溪洛渡水电站大坝为混凝土双曲拱坝，最大坝高为 285.5m，混凝土浇筑规模大、强度高、工期长、技术要求高，且对质量、温控和外观有很高的要求；地形、地质条件复杂，施工场地狭小，并且受地形、地质、水文和气象等多方面影响因素制约，大坝的施工必须采用合理的方法，高效的施工设备，严密的施工计划，有效地使用劳动力、材料、设备和资金，才能确保大坝工程建设的工期和质量目标。

大坝混凝土浇筑采用平铺法施工，混凝土浇筑需采用多台缆机联合浇筑。河床坝段下部仓面大，入仓缆机数量多，缆机吊深大，混凝土浇筑强度及缆机的使用效率受到影响。通过上述分析可知，缆机的碳排放量是施工期机械设备的重要碳排放来源。合理地组合缆机，使其协同作业；改进施工工艺，提高缆机单机使用效率；增加辅助施工措施，满足混凝土浇筑强度及总进度要求是施工中的关键。大坝混凝土浇筑工艺流程见图 6.3。

仓面混凝土采用缆机入仓、平铺法分层浇筑，在倾斜面上浇筑混凝土时，从低处开始浇筑，浇筑面应保持水平。混凝土坯层厚度按 50cm 控制。进仓后的混凝土采用 SD13S 型平仓机（生产能力大于 150m³/h）进行平仓，VBH13S-8EH 型振捣车（安装有 8 根 ϕ150 振捣棒，生产能力大于 150m³/h）进行振捣。对于平仓机和振捣车配置应视缆机配备及仓面情况而定，原则上每台缆机配一台平仓机和一台振捣车。缆机吊罐卸料后，先平仓后振捣。对于止水系统和埋件部位采用人工辅助平仓，无论采用何种方式均必须先平仓后振捣，严禁以平仓代替振捣，对于仓面小的仓位、模板周边、钢筋密集以及有预埋件或安全监测设备的部位采用 ϕ130 及 ϕ100 手持插入式振捣棒或者软轴振捣棒进行人工平仓、振捣。振捣时振捣棒离模板的距离不小于 0.5 倍有效半径，两振捣点的距离不应大于振捣棒有效半径的 1.5 倍。下料点接茬处、两台缆机的下料接头处适当延长振捣时间加强振捣，以保证振捣密实，接茬处结合良好。浇入仓内的混凝土应随卸料随平仓随振捣，不得堆积，仓内若有粗骨料堆积时，应将堆积的骨料均匀散铺至富浆处，严禁用水泥砂浆覆盖，以免造成内部蜂窝。

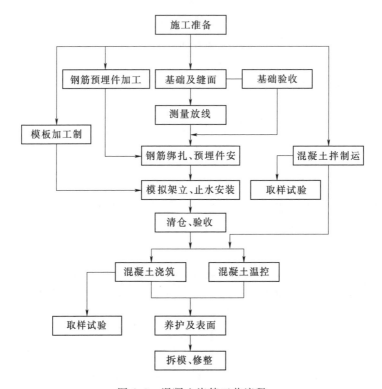

图 6.3　混凝土浇筑工艺流程

　　在浇筑过程中，尽量将混凝土捣实至可能的最大密实度，每一位置的振捣时间以混凝土不再显著下沉并泛浆为准。仓面振捣按顺序进行，梅花形插入，以免造成漏振。浇筑过程中振捣棒应快插慢拔，必须控制复振时间，防止漏振、欠振和过振。下料过程中若出现骨料集中现象，应尽量把粗骨料清除模板附近。当混凝土浇筑至止水附近时，应人工翻起止水，将大粒径骨料剔除，人工辅助平仓后用手持式振捣棒振捣密实。止水（浆）片周围要适当延长振动时间，加强振捣，把止水下方振捣密实后方可进行上层浇筑。廊道、电梯井周边1.0m 范围钢筋较多的部位及边角部位和有仪器的地方采用三级配或二级配混凝土浇筑，且要求廊道两侧、电梯井和止水（浆）片的周边混凝土要均衡铺料浇筑上升，以保持其位置和形状不变。

　　基岩面浇筑第一层混凝土，采用同等级二级配混凝土或三级配富浆混凝土，二级配厚度一般按 20cm 控制，三级配富浆厚度一般按 40cm 控制。水平施工缝接缝材料采用同等级富浆二级配混凝土，厚度 10cm，或采用同等级富浆三级配混凝土，厚度 30cm，铺设施工工艺保证混凝土与基岩结合良好，铺设施工工艺保证混凝土与基岩结合良好。在浇好的混凝土表面采取一定的保护措施，以防人踩。若有必要，在表面铺上厚木板以供人行。在高温季节施工时，浇筑过程中在每一坯层混凝土振捣密实后，立即覆盖等效热交换系数 $\beta \leqslant$ 20.0kJ/（m²·h·℃）的保温材料进行保温，且混凝土覆盖时间控制在 4h 之内，防止已入仓混凝土温度回升。

6.2.2　坝体施工交通系统规划及优化措施

溪洛渡大坝混凝土合同工程量约 634.16 万 m³，除去因右岸缆机供料平台占压的坝段（31 号坝段及 29 号、30 号坝段部分区段）以及因供料平台拆除而影响的左岸部分岸坡坝段外（1 号、2 号、3 号坝段部分仓面），其余坝段均采用缆机吊运立罐进行混凝土浇筑。大坝混凝土浇筑采用单层缆机平台，原布置 4 台 30t 平移式缆机的浇筑方案，2010 年 9 月新增设 1 台 30t 平移式缆机，共 5 台缆机进行浇筑。混凝土采用 25t 侧卸汽车运至右岸缆机供料平台，卸料至 9m³ 吊罐，每台缆机配备 2～3 台 25t 侧卸车，每车可装 9.0m³ 混凝土。9m³ 不摘钩吊罐由缆机吊运至浇筑仓面，供应大坝混凝土浇筑。大体积混凝土运输一般采用吊罐直接入仓的运输方式。

6.2.3　初期、中期、后期通水冷却措施

6.2.3.1　冷却通水及温度梯度控制

为满足设计通水温度要求，从大坝混凝土开浇就建立了两套通水系统，一套通水水温为 8～10℃，用于大坝混凝土的一期控温和二期冷却；另一套通水水温为 14～16℃，用于大坝混凝土的一期和中期降控温。

通过查阅大坝信息管理系统，了解混凝土整个温控阶段，适时进行水温和流量的调整工作，做到个性化的通水方式。对于小级配混凝土浇筑较多的（底孔及深孔坝段），最高温度明显偏高的仓号一期降温分两步，一冷一次目标为 25℃，第二次目标为 22℃，且控制各次降温速率不大于 0.3℃/d，以防止连续降温带来较大的温度应力。通过个性化通水，细化各灌区的温度梯度，使各层灌区温度梯度渐变过渡。保证灌浆区同冷区温度不超过 1℃，同冷区和过渡区温度梯度不超过 3～4℃。

按温控设计要求和仿真分析会结果，陡坡坝段基础约束首批和导流底孔孔口区域，中冷和二冷降温均采取了至少 2 个以上灌区同时进行冷却降温，防止温度应力过大给防裂带来的不利影响。受导流底孔上升不均匀影响，导致坝体悬臂高度超标。为减小悬臂高度对大坝整体结构的影响，经仿真分析结构和温控会议要求，底孔区域混凝土，在满足设计每天降温速率的前提下，将中期冷却的最小龄期提前到 30d，二期冷却的最小龄期提前到 75d。

6.2.3.2　夏季高温季节控制

开仓前 2h 对仓面进行洒水及喷雾降温，降低仓面和环境温度。混凝土浇

筑过程中，坯层振捣完成后及时覆盖保温被，有效地防止了温度倒灌，使浇筑温度满足设计要求。为有效地控制混凝土最高温度，在每年 7—9 月调整冷却水管间距布置，由 1.5m×1.5m（水平×竖直）调整为 1.0m×1.5m（水平×竖直）。加强养护工作的管理，各大坝工区建立养护责任制度，通过采取仓面旋喷、上下游和横缝面花管的方式，实现全断面、全时段的养护。

6.2.3.3　低温季节控制

为降低高温季节浇筑混凝土在低温季节的内外温差，从每年的 10 月开始将混凝土一期冷却目标温度从 20℃ 降低至 18℃，保证混凝土顺利过冬天。每年低温季节浇筑混凝土和长间歇混凝土均添加 PVA，提高混凝土抗裂性能。每年均根据现场的实际情况，上报保温专项措施，成立专门的保温施工队伍，各工区建立保温责任人负责制度，组织四方定期对保温情况进行联合检查，并根据检查情况进行奖惩，确保冬季保温工作的顺利完成。建立了间歇期预警制度，在前方指挥中心布置间歇期预警牌，将各仓号计划间歇期和实际间歇期进行统计，适时监控，以确保计划间歇期得以实现。

6.2.4　智能通水冷却措施

溪洛渡工程现场采用了清华大学开发的智能温度控制系统。整个系统包括热交换装置、热交换辅助装置、控制装置和大坝数据采集装置以及降温策略。相对于原来的人工通水控制，智能通水按照混凝土的目标温度与实际温度差值，采用数学分析其变化趋势，连续、实时、动态地进行流量调节，改变传统的间断的流量调节模式，有效地避免了流量浪费，同时对流量的统计更为准确，大幅降低冷却通水费用，促进节能减排。

（1）温控数据实时、准确。传统通水控制是人工采集数据，数据采集过程中的人工读数、记录误差等是不可避免的，且数据的及时准确性也很难得到有效的保证；而智能通水，采用的是信息化的数据采集，通过现场安设的采集仪器可以实时、高效、准确地将数据传递给统一的信息发布平台，目前采集数据上传周期是 30min。智能控制减少对人员的依赖程度，信息化的现场数据采集，可以有效地提高数据采集的精度，避免人工干扰、现场交叉作业等导致的数据的差异性，保证采集数据及时有效。

（2）降低人员成本，减少人员出险率，提升该环节安全指标。智能化的通水控制可以大量减少信息数据采集、一线流量调节、安全维护等人员的投入，降低人工成本，同时也可以减少人员的出险率，从而提高该环节的人员安全指标。

（3）通过现场实施混凝土坝块通水换热实时智能温度控制方法，实现控制个性化通水温度和流量控制混凝土坝块应力的技术途径，有效控制了大体积混凝土裂缝的产生，大幅节约了温控防裂费用。

第7章 基于生命周期实现混凝土大坝碳减排的途径

随着混凝土大坝生命周期的碳排放量越来越被关注，通过评价生命周期各个阶段的碳排放特点，采取措施有效地控制和减少排放成为发展绿色水电、实现科学设计管理的客观需求。在第5章的分析中可以看出，不同的混凝土筑坝技术和建设方案都会在材料生产、材料运输、建设过程和运行维护各个阶段影响大坝生命周期的碳排放量。而且已有的研究也指出减少碳排放和创造生态效益具有直接相关性[143]，因此有必要结合案例分析的结果，研究基于生命周期实现混凝土大坝碳减排的有效途径。本章从采取低碳筑坝技术、优化施工方案，以及循环利用废弃材料、加强温控措施和建立碳交易额方法学等方面提出了减少大坝生命周期的碳排放量的途径，为水电企业实现低碳筑坝提供政策支持，为绿色大坝的设计管理提供依据。

7.1 采取低碳筑坝技术

在第5章对14个工程的案例分析结果中可以得到堆石混凝土的碳减排优势，相对于常规混凝土和碾压混凝土，堆石混凝土的碳排放量减少了30%～60%左右，从而得出堆石混凝土是一种更为低碳的筑坝技术的结论。未来随着兴建大坝的需求量提高，采用低碳筑坝技术成为减少混凝土大坝生命周期碳排放量的有效途径，包括了降低能源消耗密集的原材料用量、就地取材、缩短运输距离等具体措施。以发展中国家的大坝兴建为例，随着人口的增加，能源的需求和应对气候变化的危机，发展中国家需要建立大量的大坝以满足防洪、灌溉、发电、航运、供水等需求[7]，预计未来几年修建大坝的数量将超过现有数量的2倍，其中混凝土大坝的浇筑需超过10亿 m³ 的混凝土。假设其中50%的大坝采用堆石混凝土替代常规混凝土或者碾压混凝土，仅大坝结构本身即可减少约20%的碳排放当量，可见发展低碳筑坝技术对于降低混凝土大坝生命周期的碳排放量具有重要意义。

尽管堆石混凝土筑坝技术具有较大的减排优势，在过去的研究中也已经证明了该筑坝技术的成本优势，但作为一种新型的筑坝技术，和其他新技术一样，在推广初期由于相应的技术规范和政策滞后，在市场上的认可度还是要低于常规混凝土和碾压混凝土技术，在一定程度上阻碍了该技术的使用。但随着堆石混凝土筑坝技术的研究进展和工程的成功应用，行业逐渐认可了该筑坝技术，并制定了该技术的规范指南，完善相应的推动政策，促进设计和管理者了解新型技术的机理，这一举措直接促进了该低碳筑坝技术在工程上的应用。在国际减排压力日益增长的趋势下，建议要出台水利水电工程建设的减排标准和政策，通过客观的评价方法量化各类低碳筑坝技术的减排优势，核算碳减排量，从而将低碳技术的减排量和节能减排指标挂钩，纳入地方政府的发展低碳经济的业绩考核体系中，促进地方经济的低碳成长；与此同时，要为业主单位选择新技术提供政策扶持，鼓励在大坝设计中采用低碳新技术，这些都将更有利于低碳筑坝技术的推广和使用，从而降低混凝土大坝生命周期的碳排放量，促进水利水电大坝建设地区的低碳经济发展。

7.2　优化施工组织设计

在选择了低碳筑坝技术之后，通过第 5 章评价模型的应用分析可以看出，不同的施工组织设计会影响建设过程的碳排放表现，优化建设过程的施工组织设计是实现进一步减排的有效途径。在建设方案优化时，提高每种设备的使用效率，降低设备的待工时间和碳排放量，有利于提高项目碳排放的整体表现。对于堆石混凝土筑坝技术而言，通过恒山的案例分析可以看出，在现场条件允许的情况下，使用自卸汽车运输块石的碳排放表现要高于使用起重机。采用同样的方法分析清峪水库的案例，结果显示使用泵管泵送混凝土的碳排放表现要高于使用混凝土搅拌车，即使在这个过程中考虑了泵管的堵塞影响。以碳排放表现作为过程优化指标时，并不是以牺牲进度和成本表现为代价，而是很大程度上提高项目建设过程排放、成本和进度三者的整体表现，有利于实现碳排放的过程管理。而且在优化的过程中，通过提高设备利用效率，降低待工时间，还有利于延长机械设备的使用寿命，为操作者和现场工作人员提供更安全的施工环境[115,145,146]。

在建设过程中，承包商将要面临着减少建设过程的排放影响的需求，在消除提高建设成本和减缓工期进度的顾虑后，通过优化施工过程获得碳减排额度是完成减排指标的有效途径。承包商要在工程实践的过程中研究施工组织设计的合理性，根据现场的实际工况，预先对比各类建设方案和涉及的机械设备的数量，计算各类机械设备的使用效率和待工时间，尽量避免设备闲置的状况，以提高排放、成本和进度的综合指标。当然在这个过程中，政府管理者对减排政策的落实、对施工现场减排额度的监督管理是促进承包商积极开展方案优化重要的激励，建议政府要明确企业的减排责任，落实减排的义务，通过建立和完善国内的碳交易市场、碳税征收政策，促进企业在完成生产指标的同时，积极优化建设方案，降低排放量，以促进碳减排额度的交易，进一步创造经济和社会效益，从而有利于更好地实现低碳建设过程。

7.3 循环利用废弃材料

在评价计算模型的应用分析中可以看出，原材料的生产和运输阶段的碳排放量是大坝生命周期碳排放的重要组成部分。堆石混凝土作为一种低碳筑坝技术，本身需要大量块石作为建筑材料，将固体废弃物循环利用直接代替块石，或者加工成可以使用的块石，一方面可解决大量固体废弃物的处理问题和由其引发的对环境的负面影响问题，节省废弃物清运和处理费用；另一方面可减少对天然石料的开采，保护骨料资源，节省开采消耗的能源和成本，从而降低排放和经济成本，满足循环经济"减量、再用、循环"的原则。

选取中山长坑三级水库重建项目，进一步分析循环利用废弃材料的碳减排效益。重建后长坑水库是一座以防洪、供水为主的小（1）型水库，大坝全部采用堆石混凝土施工技术，最大坝高26.5m，坝顶长88.0m，浇筑混凝土方量约为18000m³，每仓厚度为1.5m。长坑水库原坝体为浆砌石坝和土坝组成，其中浆砌石部分约为6800m³。在重建过程中，原浆砌石坝拆除的约3600m³石料，继续作为堆石原料用于新坝体，实现废弃材料的循环利用，从而在新坝体的建设过程中，减少约3600m³的新石料的开采和运输，同时减少了固体废弃物的处理过程。

根据工程项目采取的原材料情况，计算得到的各类原材料碳排放系数见表7.1，各类原材料运输到工程现场的距离见表7.2，工程当地的原油和电力排放系数见表7.3。

表 7.1　　　　　　　中山长坑项目原材料碳排放系数

材料	碳排放系数/(tCO$_2$eq/t)	数 据 来 源
水泥	0.8240	IPCC (2006)
砂子	0.0023	ELCD (2009)
石子	0.0131	ELCD (2009)
粉煤灰	0.0179	Japan civil concrete committee (2002)
块石	0.0016	ELCD (2009)
减水剂	3.0000	Formaldehyde data as surrogate for super plasticizer (2001)
引气剂	3.0000	
汽油	0.2290	CLCD (2012)
柴油	0.1390	CLCD (2012)

表7.2 中山长坑项目原材料运输到现场的距离

材料	运输距离/km	材料	运输距离/km	材料	运输距离/km
水泥	60	粉煤灰	60	引气剂	60
砂子	20	块石	15	废弃材料	150
石子	15	减水剂	2000		

表7.3 中山长坑项目各类能源碳排放系数

能源	碳排放系数	能源	碳排放系数	能源	碳排放系数
汽油	$3.15tCO_2eq/t$	柴油	$3.06tCO_2eq/t$	电力	$0.95tCO_2eq/(kW \cdot h)$

采用本书提出的混凝土大坝生命周期碳排放评价计算方法，分别计算混凝土大坝采用堆石混凝土和常规混凝土设计时的生命周期碳排放量，结果见图7.1中A、B。然后按照式（7.1）计算循环利用废弃材料的碳减排效益。

$$E_{recycle}（负值）= \sum_{Recycled} E_{R\text{-}material} + E_{R\text{-}transportation} + \sum_{Discarded} E_{D\text{-}transportation} + \sum_{Recycle} E_{R\text{-}operation}$$

（7.1）

式中：$E_{recycle}$为循环利用废弃材料带来的总减排量；$E_{R\text{-}material}$为节省原材料生产过程的碳减排量；$E_{R\text{-}transportation}$为节省原材料运输过程的碳减排量；$E_{D\text{-}transportation}$为节省固体废弃物运输过程的碳减排量；$E_{R\text{-}operation}$为通过降低总成本和运行期成本的碳减排量。

在计算得到循环利用废弃材料的碳减排量后，则按照式（7.2）计算混凝土大坝生命周期的碳排放量：

$$E = \sum E_{material} + E_{transportion} + E_{construction} + E_{operation} + E_{recycle}$$ （7.2）

根据式（7.2）计算得到的碳排放量，见图7.1的C。

可以看出，相对于常规混凝土筑坝技术，堆石混凝土在材料生产、材料运输、建设过程和运行过程分别减排了52.2%、27.6%、48%、34.7%，总减排量约为46%，其中原材料生产过程的碳排放占据了生命周期总排放量的主导地位。堆石混凝土筑坝技术生命周期的碳排放量约为$3000tCO_2eq$。通过循环利用废弃材料，减少原材料的生产、运输，减少固体废弃物运输，以及减少运行期的碳排放，可在此基础上进一步减少约10%的排放，其中原材料生产阶段减排$105tCO_2eq$，原材料运输到工程现场和废弃材料运输到堆填场的环节减排$130tCO_2eq$，通过降低成本，在运行阶段减排约$65tCO_2eq$。

由此可见，循环利用废弃材料也是降低混凝土大坝生命周期碳排放量的有效途径。在旧坝拆除重建的工程中，建议对废弃材料进行试验评价，分析废弃

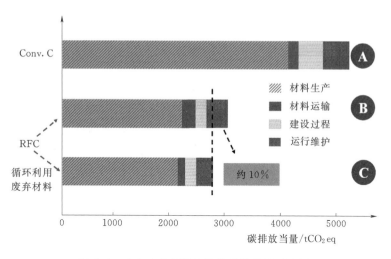

图 7.1　中山生命周期各阶段碳排放量对比图

材料的物理性能和耐久性能，和重建技术需要的材料性能相对比，找到共同点和可以替代的部分，尽可能地在兼顾成本的情况下，将废弃材料在重建过程中循环利用，替代重建过程中需要的部分新材料，从而减少废弃物的处理和新材料的生产过程，降低碳排放量。

7.4　加强温控措施

在评价计算模型中，温控措施的排放量计算满足了热力学定律，是大坝建设阶段碳排放的组成部分。采取适当的温控措施，可以有效地降低大坝的温度应力，避免或者减少裂缝的出现，特别是可尽量避免贯穿性裂缝的产生。裂缝的维修是在运行维护阶段消耗能源，产生排放的主要来源，客观评价温控措施部分的碳排放量和维修阶段的碳排放量，可以帮助承包商明确碳排放的主要来源，采取有效的减排措施。

大坝温控措施可以采取两种方式进行冷却：一是采用冷水或者冰，进行骨料的预冷和出机后混凝土的冷却，降低混凝土的浇筑温度；二是铺设冷却水管，通过循环水，减少混凝土的水化热温升，包括一期冷却、中期冷却、二期冷却等方式。上述两种冷却方式的温控措施，造成的碳排放量可以根据过程分析法进行核算。选取二滩工程案例进行分析，根据工程采取的温控措施，包括骨料预冷、混凝土预冷、一期冷却和二期冷却 4 个部分，各部分冷却水冷却前后的温度见表 7.4。骨料、混凝土在冷却前后温度变化见表 7.5，制冷剂的型号是 KOELING270X，效率为 78.5％。

表 7.4　　　　　　　　　　　各部分冷却水前后的温度

温控措施	冷却水温/℃	
	使用前	使用后
骨料预冷	4	6～12
混凝土预冷	6	9～15
一期冷却	14	20
二期冷却	8	14

表 7.5　　　　　　　　　　　温控措施的能源消耗

温度控制	起始温度/℃	结束温度/℃	温差/℃	材料质量/t	比热/[kJ/(kg·℃)]	热量/GJ
骨料预冷	25	6	19	6632117	0.92	115929
混凝土预冷	15.96	9	6.96	7394228	1.05	54037
一期冷却	38.61	22	16.61	1656307	1.05	28887
	37.77	22	15.77	4628787	1.05	76646
	36.39	22	14.39	1109134	1.05	16758
二期冷却	22	14	8	7394229	1.05	62112

　　根据表 7.5 所示的骨料和混凝土的冷却前后温度差、冷却材料的质量、比热和制冷设备能效比等参数，可按式（3.12）计算得到表 7.5 中的热量值。根据热量值计算得到各部分温控措施的碳排放量，以及总的温控措施的碳排放量，见图 7.2。

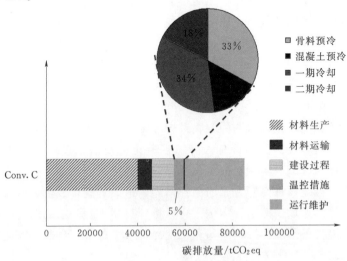

图 7.2　二滩工程生命周期各阶段碳排放量

由图 7.2 可以看出，骨料预冷措施的碳排放量占到整个温控措施的约 33％，混凝土预冷、一期冷却、二期冷却分别占到总的温控措施排放的 15％、34％和 18％，但所有温控措施的碳排放量只占到大坝生命周期的 5％左右；虽然温控措施对整个大坝生命周期的质量至关重要，但措施本身的能耗和碳排放量只占到生命周期的很小一部分，而混凝土大坝开裂维护的碳排放量大约占到生命周期碳排放量的 20％，如果温控措施不到位，产生贯穿性等严重的坝体裂缝，这个比例还将大大提高。所以，在建设过程中要重视和加强温控部分的措施，在大坝浇筑前期做好温控模拟计算和设计工作，在大坝浇筑过程中做好坝体温度的监测和温控管理工作，尽可能地减少运行维护阶段坝体混凝土开裂的可能性，以降低混凝土生命周期的碳排放量。

7.5　建立碳交易额方法学

随着我国碳交易市场的不断完善和节能减排客观需求的不断提升，应基于混凝土大坝生命周期碳排放评价计算模型以及生命周期和离散事件理论，创新地提出大中型水电项目碳排放评估技术方法和计量标准，以动态的全新视角研究和建立大中型水电项目碳交易额核算方法学，将大中型水电工程项目替代能源和低碳先进技术带来的减排量进行定量核算，并纳入到碳交易市场交易，弥补现行国内碳交易体制中大中型水电工程项目 CCER 核算方法的不足，为大中型水电项目进入国际和国内碳排放权交易市场提供必需的方法学支撑。随着国家"一带一路"倡议的实施，该方法学也可为制定大中型水电站 CDM 方法学、开拓国际水电市场提供必要的理论和技术支撑。根据建立的碳交易额方法学，可结合工程案例，定量核算低碳技术带来的碳减排效益，评价低碳技术投资和收益比，为水电企业改进技术方案、提高施工效率、减少碳排放提供动力支撑。

7.6　综 合 建 议

在分析低碳筑坝技术的优势后，建议从政府层面出台减排政策，核算碳排放量，将低碳技术的减排量和地方政府的节能减排指标挂钩，给予业主政策支持，提高采用低碳技术的积极性。通过总结优化施工方案的减排表现，建议将承包商主动减排的指标和企业的减排义务相结合，建立碳减排额核算方法学，将减排额度纳入到碳排放交易市场中，关联碳指标和经济指标，以激励承包商优化施工方案，减少建设过程的碳排放量。根据中山长坑工程和二滩工程的案例，可以看出循环利用废弃材料和加强温控措施对于减少混凝土大坝生命周期碳排放量的贡献。建议设计混凝土大坝时，要注重选择低碳筑坝技术，根据施工现场的条件，尽可能地循环利用当地的废弃材料，优化施工组织设计，加强温控措施，减少坝体开裂的可能性，以降低混凝土大坝生命周期的碳排放量。

在研究中可以看出，施工期是承包商管理可控的关键环节，实现该阶段碳排放的过程管理，是完成企业节能减排任务的重要途径，建议在施工期的建设管理过程中可采取以下节能措施。

（1）在满足强度、抗渗、抗冻等混凝土指标的前提下，通过优化配合比设计，降低水泥用量，减少原材料生产阶段的碳排放量。

（2）根据设计推荐的施工设备型号，配备合适的设备台数，以保证设备的连续运转，减少设备待工的时间，提高设备的实际工作效率，最大限度地发挥设备的功效。定期对施工机械设备进行维修和保养，减少设备的故障发生率，保证设备安全连续运行。尽量选用新设备，避免旧设备带来的出力不足、工况不稳定、检修频繁等对系统的影响而带来的能源消耗。

（3）合理安排施工任务，做好资源平衡，避免施工强度峰谷差过大，充分发挥施工设备的能力。混凝土浇筑应合理安排，相同标号的混凝土尽可能安排在同时施工，避免混凝土拌和系统频繁更换拌和不同标号的混凝土。

（4）就近采购水泥、粉煤灰、粗骨料、细骨料、钢材、炸药等大宗原材料，采用合适的运输方式，尽量减少运输阶段的能耗和排放量，同时有助于控制物资进度。

（5）砂石加工系统的生产设施持续运转，破碎设备、转料运输胶带机均持续运转，不随进料的变化而调整工况，而进料采用汽车运输、间歇性进料，工况不连续。为衔接进料与生产设施，须考虑合适的受料仓，保证给料均匀，保护砂石生产设备，并维持砂石的连续生产，避免因给料不均匀或不连续引起的生产中断，造成能源浪费。

（6）温控措施对整个大坝生命周期的质量至关重要，如果温控措施不到位，产生贯穿性等严重的坝体裂缝，将直接影响到运行期大坝维护过程中的碳排放量。在建设过程中要重视和加强温控部分的措施，在大坝浇筑前期做好温控模拟计算和设计工作，在大坝浇筑过程中做好坝体温度的监测和温控管理工作，尽可能地减少维护操作过程中坝体混凝土开裂的可能性，以降低混凝土生命周期的碳排放量。通过现场实施混凝土坝块通水换热实时智能温度控制方法，实现通过控制个性化通水温度和流量控制混凝土坝块应力的技术途径，有效控制大体积混凝土裂缝的产生，大幅度节约温控防裂费用。

（7）场内交通加强组织管理及道路维护，确保道路畅通，使车辆能按设计时速行驶，减少堵车、停车、刹车，从而节约燃油。

（8）降低电力线路的电能损耗措施。合理地选择配电变压器的安装位置。

将变压器安装在重负荷点，即靠近大用户以缩短供电的距离，向其他小用户供电，降低总的线路损耗。同时，尽量避免向单侧供电，避免迂回供电的情况。按经济电流密度选择合适的导线截面，选择电力线路导线截面时，既要考虑电压降低对用电设备运行的影响和线路损耗，又要考虑线路的经济性，节约费用，所以避免选择导线截面过大或过小，根据经济电流密度数值计算出导线截面。

（9）降低电力变压器电能损耗措施。降低电力变压器电能损耗措施包括选用低损耗变压器、合理选择配电变压器容量使其运行最经济、提高变压器的功率因数。提高功率因数，一方面合理安排施工任务，主要项目安排三班制生产，避免变压器轻载、空载运行；另一方面，在变压器低压侧安装并联电容器，实现用电负荷就地补偿，补偿后的功率因数应不低于 0.9。

（10）生产、生活建筑物的设计尽可能采用自然照明，合理配置生活电器设备，生活区的照明开关应安装声、光控或延时，自动关闭开关，室内外照明采用节能灯具，充分利用太阳能，减少用电量。

（11）加强现场施工、管理及服务人员的节能教育。成立节能管理领导小组，实时检查监督节能降耗执行情况，根据不同施工时期，明确相应节能降耗工作重点。

第 8 章 结 论 与 展 望

本书的研究目标是以混凝土大坝生命周期的碳排放量为研究对象，建立碳排放清单，考虑工程建设过程机械设备运行的真实状态，将生命周期方法和离散事件模型相结合，提出混凝土大坝生命周期碳排放评价计算模型。并结合案例分析，量化常规混凝土、碾压混凝土和堆石混凝土 3 类筑坝技术生命周期的碳排放量，以明确生命周期中碳排放的主要来源和有效的减排措施。然后评价和比较各项建设方案的排放表现，分析排放和成本、进度的关系，为优化施工工艺，实现碳排放的过程控制，减少混凝土大坝生命周期碳排放量提供合理化的建议和决策支持。本书主要从建立碳排放清单、提出碳排放评价计算模型、模型应用分析、评价和优化建设过程、提出减排途径等几个方面开展研究，解决了绪论中提出的关键问题。

本章阐述了全书的主要研究成果、总结了研究的贡献和创新点，并指出了研究工作中的局限性，对未来的研究进行展望。

8.1 主 要 的 研 究 成 果

本书的主要研究成果可以分为以下几个方面。

（1）通过分析调研所得到的数据资料，明确了研究边界和碳排放要素，建立了混凝土大坝生命周期的碳排放清单。

根据生命周期评价的标准化要求，首先确定了混凝土大坝生命周期的碳排放研究边界和评价的阶段，包括材料生产、材料运输、建设过程和运行维护 4 个阶段；将整个大坝结构作为生命周期的功能单位进行研究，根据指标分解的方法，提出了以每方混凝土的碳排放量作为比较各类混凝土筑坝技术的指标，并对比分析了各类混凝土筑坝技术的特点。

在调研设计中，选取了 6 家单位（分别是 3 家业主单位、1 家设计单位、1 家施工单位和 1 家咨询公司）作为调研对象，分析了 14 个混凝土大坝工程案例（包括 4 个常态混凝土工程、6 个碾压混凝土工程和 4 个堆石混凝土工程）。采取了文献调研、数据库调研和工程资料调研 3 种调研方式，其中工程资料调研数据采集的方法分为收集设计和结算资料、物资设备消耗统计表，拍摄和搜集工程视频资料和高层访谈等，并列表分析了调研获得的数据内容以及相关数据在本书中的用途。

然后根据碳排放要素的确定原则，结合投标报价和单价分析表，确定了碳排放要素，包括材料生产和能源消耗两个部分。并根据确定的碳排放要素，结合国内外数据库、IPCC 指南、文献调研结果等，通过修改数据库条件、在 eBalance 中建立过程模型等方式，计算了各排放要素对应的碳排放系数，分别建立材料生产和能源消耗的碳排放清单，为客观评价混凝土大坝生命周期各个阶段的碳排放量提供了数据基础。

（2）提出了基于生命周期的混凝土大坝碳排放评价计算模型，将离散事件模拟方法耦合到生命周期评价体系中，动态评价建设过程的碳排放量，并验证了耦合离散事件模型的可靠性和必要性。

针对混凝土大坝生命周期各个阶段的特点和数据的可获得性，提出了相应的评价方法。在材料生产和运输阶段，采用过程分析法，通过确定各类原材料的质量、运输设备的载重、速度、运输距离、单位台班的耗油量等参数，计算这两个阶段的碳排放量。在建设过程阶段，采用过程分析和离散事件模拟相耦合的方法，建立离散事件模型模拟建设过程中的机械设备操作。通过统计现场视频资料，得到每种机械设备的事件动作的时间分布，并分析了模拟输出的时间和进度结果，与真实的观测时间和进度结果相对比，验证了离散事件模型的可靠性。然后提出了基于离散事件模拟评价混凝土大坝建设过程碳排放量的方法，通过分析机械设备真实的工作时间，计算实际耗油和耗电量，以评价碳排放量。最后通过对比各种方法的碳排放评价结果，分析了采用离散事件模型评价碳排放量的可靠性和必要性，在运行维护阶段，根据该阶段可以获得真实数据的特点，充分利用成本设计和记录数据，采用投入产出法计算实际的碳排放量。在研究混凝土大坝特有的温控措施时，采用过程分析法，计算预冷骨料和混凝土，以及铺设冷却水管等温控措施的碳排放量。

（3）在案例的实证研究中，评价比较了各类筑坝技术的碳排放量，并验证了基于生命周期的混凝土大坝碳排放评价计算模型的合理性。

以恒山工程案例，分别计算了在材料生产、材料运输、建设过程、运行维护 4 个阶段，常规混凝土和堆石混凝土两种筑坝技术的碳排放量，评价结果显示，相对于常规混凝土，堆石混凝土筑坝技术减少了约 64% 的碳排放当量，降低了约 55% 的能源消耗。在混凝土生命周期的各阶段碳排放比例中，材料生产阶段占 63.8%，材料运输阶段占 4.2%，建设过程阶段占 7.5%，运行维护阶段占 24.5%。然后将提出的方法和已有文献采用的投入产出法相对比，证明了本书中的研究方法可以客观地反映不同筑坝技术的碳排放量，衡量低碳筑坝技术的碳减排量，验证了基于生命周期的混凝土大坝碳排放评价计算模型的合理性。

然后结合 14 个工程案例的调研数据，分析了常规混凝土、碾压混凝土和堆石混凝土3种筑坝技术的单方碳排放量。结果显示相对于前两种混凝土技术，堆石混凝土单方混凝土减排量为30%～60%，得到了堆石混凝土是一种更为低碳的筑坝技术的结论。

（4）在建设过程方案优化时，揭示了排放和成本、进度间的变化关系，提出了排放可以作为过程优化指标，实现了碳排放的过程管理。

本书提出了排放、成本和进度表现的评价方法，研究了堆石混凝土恒山和围滩工程中3个变量随工期的变化趋势，分析了3个变量的变化因素，指出了在建设过程方案优化时采用相关分析法和典型分析法分析3个变量相互关系的必要性。根据已建立的离散事件模型，对恒山工程案例的3种情景进行过程分析，评价各种情景下的碳排放表现，结果显示不同的机械设备的组成方案对建设过程的碳排放表现具有较大的影响，提高机械设备使用效率、减少待工时间可以显著的提高碳排放表现。

接着对比在最优碳排放表现情况下的成本、进度变化关系，可以看出在不同的情景分析中，3个变量受到不同因素的影响，变化趋势具有相似性，但不完全相同。采用相关分析法继续分析了在各种情景下，变化搅拌车和自卸汽车的数量时排放和成本、进度变量间的关系，结果显示3个变量的变化趋势具有强相关关系。然后利用典型分析法计算在各种情景分析中3个变量的相关指数的均数值，结果显示排放指标可以作为建设过程的优化指标，良好的排放表现并不是以牺牲成本为代价，很大程度上确保了较好的成本和进度表现，从而实现了碳排放的过程管理，有利于优化建设过程的施工组织设计，提高项目排放、成本和进度的整体表现。

（5）提出了减少混凝土大坝生命周期碳排放量的途径，包括采取低碳筑坝技术、优化施工方案，循环利用废弃材料、加强温控措施和建立碳交易额方法学等方面。

本书提出了混凝土大坝生命周期碳减排的途径。在分析了发展低碳筑坝技术的优势后，建议从政府层面出台减排政策，核算碳排放量，并提高业主采用低碳技术的积极性。通过分析优化施工方案过程中的减排表现结果，建议将承包商主动减排的指标和企业的减排义务相结合，激励承包商优化施工方案，减少建设过程的碳排放量。结合中山和二滩工程的案例，量化了循环利用废弃材料和加强温控措施对于减少混凝土大坝生命周期碳排放量的贡献，提出了在工程项目中实施这两种途径的建议。提出在设计混凝土大坝时，要注重发展低碳筑坝技术，根据施工现场的条件，尽可能地循环利用当地的废弃材料，优化施工组织设计，加强温控措施，减少坝体开裂的可能性，以降低混凝土大坝生命周期的碳排放量。最后通过建立碳交易额方法学的方式，鼓励混凝土大坝的碳减排额进入到碳交易市场，将碳减排量指标与经济指标挂钩，提升项目的碳减排效益。

8.2 贡献和创新点

本书的主要的研究贡献和创新点可以分为以下几个方面。

（1）建立了混凝土大坝生命周期碳排放清单。在开展大量文献调研、数据库调研和工程资料调研的基础上，分析了国内外建筑领域的碳排放清单研究现状，基于国内外数据库、IPCC指南等，通过修改数据库条件、在eBalance中建立过程模型等方式，计算了碳排放要素对应的碳排放系数，结合分析的调研数据内容，建立混凝土大坝建筑物的碳排放清单，为评价混凝土大坝生命周期的碳排放量提供了数据基础。

（2）提出并验证了基于生命周期的混凝土大坝碳排放评价计算模型。提出了基于生命周期的混凝土大坝碳排放评价计算模型，该模型可以有效地评价各类混凝土筑坝技术碳排放量，确定生命周期碳排放的主要阶段，衡量低碳技术的减排效益。通过将提出的研究方法和已有文献采用的投入产出法相对比，结合工程案例验证了该评价计算模型的合理性。应用该模型对比分析了各类混凝土筑坝技术的碳排放量，得到了堆石混凝土是一种更为低碳的筑坝技术的结论。

（3）耦合了生命周期和离散事件模拟的方法，基于机械设备的真实工作时间，评价和优化混凝土大坝建设过程的碳排放量，提高了结果的准确性。成功将离散事件模拟方法耦合到混凝土大坝生命周期评价计算模型中。在建设过程中，基于离散事件模型计算得到的机械设备在操作和待工状态下的真实工作时间，结合生命周期评价的能源排放系数，分析和优化了建设过程的碳排放量，并通过比较模拟时间和模拟进度两种方式验证了模型的可靠性，通过碳排放计算结果对比，验证了耦合离散事件模型的必要性。

（4）揭示了建设过程方案优化时的排放和成本、进度间的变化机理，提出了排放可以作为过程管理优化的指标。

通过分析排放、成本和进度表现影响要素，提出了排放、成本和进度表现的评价方法，指出了降低待工时间、提升使用效率是提高排放表现的关键因素。在方案优化过程中，采用相关和典型分析法揭示了排放和成本、进度间的变化机理，提出了排放可以作为过程管理优化的指标，为承包商实现碳排放过程管理，优化建设方案提供了依据。

（5）提出了基于生命周期实现混凝土大坝减排的途径。结合案例分析结果，从采取低碳筑坝技术、优化施工方案，循环利用废弃材料、加强温控措施、建立碳交易额核算方法学等方面提出了基于生命周期实现混凝土大坝减排的途径。

8.3　局　限　性　和　展　望

本书的研究工作还存在着一些局限性和不足，在未来的研究中可以考虑从以下几个方面进行改进。

（1）建立碳排放清单的工作还有待于进一步简化。由于我国基础数据库薄弱，书中碳排放清单的建立过程需要大量的工程资料调研和现有数据库的资料分析，对现场数据的可获性要求较高。随着我国的 CLCD 数据库不断完善，建立起关于砂、石子、块石、减水剂等材料的能源消耗和碳排放系数以及各地区厂家水泥生产的能耗系数等，将可以用数据库中的碳排放系数代替通过计算获得的和研究假设获得的排放系数，简化碳排放清单的建立过程，降低混凝土大坝生命周期碳排放评价的工作量，更有利于促进所提出研究方法的推广使用。

（2）运行维护阶段的碳排放还有待于进一步细化。由于无法得到大坝生命周期运行过程中详细的清单数据，本书采用投入产出法分析了运行维护阶段的碳排放，由于我国的投入产出表部门分类有限，在研究中做了一些假设，采用建筑业货币投入对应的碳排放代替建筑维护过程货币投入对应的碳排放。未来随着我国投入产出表分类细化，可以进一步调研运行维护阶段的投资分类，细化到建设部门子类的具体部门中，计算碳排放量。而且大坝的运行维护阶段主要是提供各种防洪、灌溉、供水、发电功能的阶段，特别是发电功能会减少煤电在电网中的比例，降低电力的碳排放系数，为工业生产提供清洁能源。未来可进一步考虑大坝维修阶段减少或停止发电时，煤电补给发电所带来的碳排放，以及水库维修暂停运行阶段造成的调水情况改变带来的排放等。

（3）碳排放的经济效益还有待于进一步的量化。本书中选取的案例包括了水电站和水库工程，其中水电站的案例样本量还不足以给出发电时每度电的排放量范围。未来在进一步补充水电站工程案例后，可以采用提出的计算方法进行碳排放评价，将混凝土大坝生命周期碳排放量摊到每千瓦时电上，给出每千瓦时电碳排放量的范围，为水电能源的碳减排效果的宏观判断提供参考。随着碳交易额核算方法的深入研究，未来可进一步研究如何将发展低碳筑坝技术、优化建设过程、循环利用废弃材料等实现的减排量和碳交易机制相结合，将碳减排量转化成实际经济效益，从而激励业主和设计单位积极采用低碳筑坝技术，循环利用废弃物，鼓励施工企业比较和优化建设过程，以有效地降低混凝土大坝生命周期的碳减排量。

参 考 文 献

［1］ 联合国政府间气候变化专门委员会. Climate Change 2007：The Physical Science Basic ［M］. Cambridge：Cambridge University Press，2007.

［2］ Glick S. Life cycle assessment and life cycle costs：A framework with case study implementation focusing on residential heating systems ［D］. Colorado State Univ. School of Education，2007.

［3］ 中国能源和碳排放研究课题组. 2050 年中国能源和碳排放报告 ［M］. 北京：科学出版社，2008.

［4］ International Energy Agency（IEA）. Decoupling of global emissions and economic growth confirmed ［R］. 2016.

［5］ International Energy Agency（IEA），2011. China Wind Energy Development Roadmap 2050. Energy Research Institute，Paris，France. See also：〈http：//www. iea. org/ papers/roadmaps/china _ wind. pdf〉.

［6］ 姜克隽，胡秀莲. 中国与全球温室气体排放情景分析模型 ［M］. 北京：环境科学出版社，2003.

［7］ 中国科学院可持续发展战略研究组. 中国可持续发展战略报告 ［M］. 北京：科学出版社，2009.

［8］ Mathews，J. A. Tan，H. China leads the way on renewables ［J］. Nature 2014. （508），319.

［9］ UNFCCC，INDCs as communicated by Parties（UNFCCC，Bonn，Germany，2015），http：//bit. ly/INDC－UNFCCC.

［10］ United Nations Framework Convention On Climate Change U. Copenhagen Accord to Climate Action：Tracking National Commitments to Curb Global Warming ［Z］. Copenhagen，Denmark：2009.

［11］ Liu C N，Ahn C R，An X H，et al. Life Cycle Assessment of Concrete Dam Construction：Comparison of Environmental Impacts Between Rock－Filled and Conventional Concrete. Journal of Construction Engineering And management. 2013（A4013009）：1－11.

［12］ Icold. Role of Dam ［EB/OL］. ［2017－06－15］. http：//www. icold－cigb. org/ GB/Dams/Role _ of _ Dams. asp.

［13］ Hung C，Wei C，Wang S，et al. The study on the carbon dioxide sequestration by applying wooden structure on eco－technological and leisure facilities ［J］. Renewable Energy，2009，（34）：1896－1901.

［14］ Easterbrook F. Hydropower：A benefit every nation deserves ［R］. 2004.

［15］ 蔡博峰，刘春兰. 城市温室气体清单研究 ［M］. 北京：化学工业出版社，2009.

［16］ 孙宇飞. 城市碳排放清单及其相关因素分析 ［D］. 上海：复旦大学，2011.

［17］ Liu C，An X，Jin F. Evaluation and Analysis of Low Carbon Dam Construction Technologies for Carbon Abatements ［A］. International Commission of Large Dams 78th

Annual Meeting，2010.

［18］　Kuehn U. Integrated Cost and Schedule Control in Project Management ［R］. Management Concepts，Incorporated，2011.

［19］　谷立静. 基于生命周期评价的中国建筑行业环境影响研究 ［D］. 北京：清华大学，2009.

［20］　汪涛. 建筑生命周期温室气体减排政策分析方法及应用 ［D］. 北京：清华大学，2012.

［21］　Society Of Environmental Toxicology And Chemistry S. Guidelines for Life‐cycle Assessment：A "Code of Practice ［R］. Portugal：SETAC workshop in Sesimbra，1990.

［22］　龚志起，张智慧. 建筑材料物化环境状况的定量评价 ［J］. 清华大学学报（自然科学版），2004 （9）：1209－1213.

［23］　ISO. Environmental management‐Life cycle assessment‐Principals and framework‐ISO 14040 ［S］. Geneva：2006.

［24］　Ochoa L，Hendrickson C. Economic input‐output life‐cycle assessment of U. S. residential buildings ［J］. Journal of Infrastructure Systems，2002，8 （4）：132－138.

［25］　张又升. 建筑物生命周期二氧化碳减量评估 ［D］. 台南：成功大学，2002.

［26］　尚春静，张智慧. 建筑生命周期碳排放核算 ［J］. 工程管理学报，2010，24 （1）：7－12.

［27］　尚春静，储成龙，张智慧. 不同结构建筑生命周期的碳排放比较 ［J］. 建筑科学，2011，（12）：66－70.

［28］　Dimoudi A，Tompa C. Energy and environmental indicators related to construction of office building ［J］. Resources，Conservation and Recycling，2008，53 （1－2）：86－95.

［29］　Gonzalez M，Navarro J. Assessment of the decrease of CO_2 emissions in the construction field through the selection of materials：practical case study of three houses of low environmental impact ［J］. Building and Environment，2006，41 （7）：902－909.

［30］　Nouman J，Maclean H，Kennedy C. Comparing high and low residential density：life‐cycle analysis of energy use and greenhouse gas emissions ［J］. Journal of Urban Planning and Development，2006，132 （1）：10－21.

［31］　Gerilla G，Teknomo K，Hokao K. An environmental assessment of wood and steel reinforced concrete housing construction ［J］. Building and Environment，2007，42 （7）：2778－2784.

［32］　Guggemos A A，Horvath A. Decision support tool for environmental analysis of commercial building structures ［A］. Proceedings of construction research congress，2005.

［33］　Nassen J，Holmberg J，Wadeskog A，et al. Direct and indirect energy use and carbon emissions in the production phase of buildings：an input‐output analysis ［J］. Energy，2007，32 （9）：1593－1602.

［34］　Upton B，Miner R，Spinney M，et al. The greenhouse gas and energy impacts of using wood instead of alternatives in residential construction in the United States ［J］. Biomass and Bioenergy，2008，32 （1）：1－10.

［35］　Gangolells M，Casals M，Gasso S，et al. A methodology for predicting the severity of environmental impacts related to the construction process of residential buildings ［J］. Building and Environment，2009，44 （3）：558－571.

［36］ Thormark C. A low energy building in a life cycle：its embodied energy，energy need for operation and recycling potential ［J］. Building and Environment，2002，37（4）：429－435.

［37］ González M J，García N J. Assessment of the decrease of CO_2 emissions in the construction field through the selection of materials：Practical case study of three houses of low environmental impact ［J］. Building And Environment，2006，41（7）：902－909.

［38］ Guggemos A A，Horvath A. Decision－Support Tool for Assessing the Environmental Effects of Constructing Commercial Buildings ［J］. Journal of Architectural Engineering，2006，（9）：187－195.

［39］ Bilec M. A hybrid life cycle assessment model for construction processes ［D］. Pittsburgh：University of Pittsburgh，2007.

［40］ Hammond G，Jones C. Inventory of carbon & energy（ICE）［R］. Bath：University of Bath，2008.

［41］ Huberman N，Pearlmutter D. A life－cycle energy analysis of building materials in the Negev desert ［J］. Energy And Buildings，2008，40（5）：837－848.

［42］ Huntzinger D N，Eatmon T D. A life－cycle assessment of Portland cement manufacturing：comparing the traditional process with alternative technologies ［J］. Journal of Cleaner Production，2009，17（7）：668－675.

［43］ 刘颖昊，黄志甲，赵林凤. 宝钢电力的生命周期清单研究 ［R］. 中国钢铁年会，2005.

［44］ 李小冬，吴星，张智慧. 基于 LCA 理论的环境影响社会支付意愿研究 ［J］. 哈尔滨工业大学学报，2005（11）：1507－1510.

［45］ 吴星. 建筑工程环境影响评价体系和应用研究 ［D］. 北京：清华大学，2005.

［46］ 顾道金，朱颖心，谷立静. 中国建筑环境影响的生命周期评价 ［J］. 清华大学学报（自然科学版），2006（12）：1953－1956.

［47］ 顾道金. 建筑环境负荷的生命周期评价 ［D］. 北京：清华大学，2006.

［48］ 刘颖昊，黄志甲，沙高原. 电镀锌产品的生命周期清单研究 ［J］. 中国冶金，2007（02）：20－24.

［49］ 顾道金，谷立静，朱颖心. 建筑建造与运行能耗的对比分析 ［J］. 暖通空调，2007（05）：58－60.

［50］ 王婧，张旭，黄志甲. 基于 LCA 的建材生产能耗及污染物排放清单分析 ［J］. 环境科学研究，2007（06）：149－153.

［51］ 苏醒，张旭，黄志甲. 基于生命周期评价的钢结构与混凝土结构建筑环境性能比较 ［J］. 环境工程，2008（S1）：290－294.

［52］ 高源雪. 建筑产品物化阶段碳足迹评价方法与实证研究 ［D］. 北京：清华大学，2012.

［53］ 张智慧，吴星. 基于生命周期评价理论的建筑物环境影响评价系统 ［J］. 城市环境与城市生态，2004（05）：27－29.

［54］ 刘夏璐，王洪涛，陈建，等. 中国生命周期参考数据库的建立方法与基础模型 ［J］. 环境科学学报，2010，30（10）：2136－2144.

［55］ Hendrickson C，Horvath A，Joshi S. Economic input－output models for environmen-

tal life – cycle assessment [J]. Environmental Science and Technology, 1998, 32 (7): 184 – 191.

[56] Hendrickson C, Lave L B, Matthews H S. Environmental Life Cycle Assessment of Goods and Services [M]. Washington, DC: REsources for the Future, 2006.

[57] Leontief W. Environmental Repercussions and the Economic Structure: An Input – Output Approach [J]. Review of Economics and Statistics, 1970, (3): 262 – 271.

[58] Lave L, Cobas – Flores E, Hendrickson C. Using input – output analysis to estimate economy wide discharges [J]. Environmental Science and Technology, 1995, 29 (9): 420 – 426.

[59] CMU G D I. Economic Input – Output Life Cycle Assessment (EIO – LCA) US 2002 (428) model [EB/OL]. (2013 – 03 – 28) Available from: ⟨http://www.eiolca.net/⟩.

[60] Joshi S. Product environmental life – cycle assessment using input – output techniques [J]. Journal of Industrial Ecology, 2000, 3 (2, 3): 95 – 120.

[61] Junnila S, Horvath A. Life – cycle environmental effects of an office building [J]. Journal of Infrastructure System, 2003, (9): 157 – 166.

[62] 燕艳. 浙江省建筑生命周期能耗和 CO_2 排放评价研究 [D]. 杭州: 浙江大学, 2011.

[63] Li X D, Zhu Z M, Zhang Z H. An LCA – based environmental impact assessment model for construction processes [J]. Building and Environment, 2010 (45): 766 – 775.

[64] Hacker J N, De S T P, Minson A J. Embodied and operational carbon dioxide emissions from housing: A case study on the effects of thermal mass and climate change [J]. Energy Build, 2008, 40 (3): 375 – 384.

[65] Gustavsson L, Joelsson A, Sathre R. Life cycle primary energy use and carbon emission of an eight – storey wood – framed apartment building [J]. Energy Build, 2010, 42 (2): 230 – 242.

[66] Yan H, Shen Q. Greenhouse gas emissions in building construction: A case study of One Peking in Hong Kong [J]. Building and Environment, 2010, 45 (4): 949 – 955.

[67] Tang J, Cai X, Li H. Study on development of low – carbon building based on LCA [J]. Energy Procedia, 2011, 5 (0): 708 – 712.

[68] 刘伟. 绿色建筑生命周期成本分析研究 [D]. 重庆: 重庆大学, 2006.

[69] 秦佑国, 林波荣, 朱颖心. 中国绿色建筑评估体系研究 [J]. 建筑学报, 2007, (3): 68 – 71.

[70] 刘博宇. 住宅节约化设计与碳减排研究 [D]. 上海: 同济大学, 2008.

[71] 黄国仓. 办公建筑生命周期节能与二氧化碳减量评估之研究 [D]. 台南: 成功大学, 2006.

[72] 张倩影. 绿色建筑全生命周期评价研究 [D]. 天津: 天津工业大学, 2008.

[73] 林波荣, 彭渤. 我国典型城市生命周期建筑焓能及 CO_2 排放研究 [J]. 动感 (生态城市与绿色建筑), 2010 (03): 45 – 49.

[74] 李海峰. 上海地区住宅建筑生命周期碳排放量计算研究: 绿色建筑 让城市生活更低碳、更美好 [R]. 第7届国际绿色建筑与建筑节能大会暨新技术与产品博览会, 北京, 2011.

[75] Sharrard A L, Matthews H S, Roth M. Environmental implications of construction site energy use and electricity generation [J]. Journal of Construction Engineering and Management, 2007 (133): 846 – 854.

[76] Sharrard A L, Matthews H S, Ries R J. Estimating construction project environmental effects using an input – output – based hybrid life – cycle assessment model [J]. Jounal of Infrastructure Systems, 2008, (14): 327 – 336.

[77] Suzuki M, Oka T. Estimation of life cycle energy consumption and CO_2 emission of office buildings in Japan [J]. Energy Build, 1998, 28 (1): 33 – 41.

[78] Seo S, Hwang Y. Estimation of CO_2 emissions in life cycle of residential buildings [J]. Journal of Construction Engineering and Management, 2001, 127 (5): 414 – 418.

[79] Norman J, Maclean H L, Kennedy C A. Comparing High and Low Residential Density: Life – Cycle Analysis of Energy Use and Greenhouse Gas Emissions [J]. Journal of Urban Planning and Development, 2006, 132 (1): 10 – 21.

[80] Gerilla G P, Teknomo K, Hokao K. An environmental assessment of wood and steel reinforced concrete housing construction [J]. Building and Environment, 2007, 42 (7): 2778 – 2784.

[81] Singh A, Berghom G, Joshi S, et al. Review of Life – Cycle Assessment Applications in Building Construction [J]. Journal of Architecture Engineering, 2011, 15 (3): 15 – 23.

[82] Keoleian G, Blanchard S, Reppe P. Life – cycle energy, costs, and strategies for improving a single – family house [J]. Journal of industrial ecology, 2000, 4 (2): 135 – 156.

[83] Ochoa Franco L A. Life cycle assessment of residential buildings [D]. Pittsburgh: Carnegie Mellon University Civil and Environmental Engineering, 2004.

[84] Bullard C W, Penner P S, Pilati D A. Net energy analysis, Handbook for combining process and input – output analysis [J]. Resources and Energy, 1978, 1 (3): 267 – 313.

[85] Suh S. Functions, commodities and environmental impacts in an ecological – economic model [J]. Ecological Economics, 2004, 48 (4): 451 – 467.

[86] Guggemos A. Environmental impacts of on – site construction: Focus on structural frames [D]. Berkeley, Calif: Univ. of California, 2003.

[87] Bilec M, Ries R, Matthews H S, et al. Example of a Hybrid Life – Cycle Assessment of Construction Processes [J]. Journal of Infrastructure System, 2006, 12 (4): 207 – 215.

[88] Bilec M, Ries R, Matthews H S. Life – cycle assessment modeling of construction processes for buildings [J]. Journal of Infrastructure Systems, 2010, 16 (3): 199 – 205.

[89] Keoleian G A, Kendall A, Dettling J, et al. Life Cycle Modeling of Concrete Bridge Design: Comparison of ECC Link Slabs and Conventional Steel Expansion Joints [J]. Journal of Infrastructure Systems, 2005, 11 (1): 51 – 60.

[90] Cass D, Mukherjee A. Calculation of Green Gas Emissions for Highway Construction Operations using a Hybrid Life Cycle Assessment Approach: A Case study for Pavement Operations [J]. Journal of Construction Engineering and Management, 2011, 1 (8): 1 – 37.

［91］ Meier P J. Life–cycle assessment of electricity generation systems and applications for climate change policy analysis ［D］. Univ. of Wisconsin–Madison，2002.

［92］ Gagnon L，Belanger C，Uchiyama Y. Life–cycle assessment of electricity generation options：The status of research in year 2001 ［J］. Energy Policy，2002 （30）：1267–1278.

［93］ Coltro L，Garcia E，Queiroz G. Life cycle inventory for electric energy system in Brazil ［J］. The International Journal of Life Cycle Assessment，2003，8 （5）：290–296.

［94］ Kim S，Dale B E. Life cycle inventory information of the United States electricity system ［J］. The International Journal of Life Cycle Assessment，2005，10 （4）：294–304.

［95］ 程炳红，郝庆菊，江长胜. 水库温室气体排放及其影响因素研究进展 ［J］. 湿地科学，2012，10 （1）：121–127.

［96］ Zheng H，Zhao X J，Zhao T Q，et al. Spatial–temporal variations of methane emissions from the Ertan hydroelectric reservoir in southwest China ［J］. Hydrological Process，2011，25：1391–1396.

［97］ Scs S C S. A study of the Lake Chelan Hydroelectric Project based on life–cycle stressor–effects assessment ［EB/OL］. ［Mar 26，2013］. www. chelanpud. org/relicense/study/refer/4841_1. PDF.

［98］ Pacca S，Horvath A. Greenhouse gas emissions from building and operating electric power plants in the Upper Colorado River Basin ［J］. Environmental Science Technology，2002，36 （14）：3194–3200.

［99］ Zhang Q F，Karney B，Maclean H L，et al. Life–Cycle Inventory of Energy Use and Greenhouse Gas Emissions for Two Hydropower Projects in China ［J］. Journal of Infrastructure Systems，2007，13 （4）：271–279.

［100］ Gu Y，Y C，Y L. Integrated life–cycle costs analysis and life–cycle assessment model for decision making of construction project ［A］. Industrial Engineering and Engineering Management 16th International Conference，Beijing，China，2009.

［101］ Suh S，Lenzen M，Treloar G，et al. System boundary selection in life–cycle inventories ［J］. Environmental Science and Technology，2004，38 （3）：657–664.

［102］ Chang Y，Ries R J，Wang Y W. The embodied energy and environmental emissions of construction projects in China：An economic input–output LCA model ［J］. Energy Policy，2010 （6597–6603）：65.

［103］ Pan W J. The application of simulation methodology on estimating gas emissions from construction equipment ［D］. Edmonton：Alberta，2011.

［104］ Hendrickson C，Horvath A. Resource use and environmental emissions of U. S. construction sectors ［J］. Journal of Construction Engineering and Management，2000，126 （1）：38–44.

［105］ Löfgren B，Tillman A. Relating manufacturing system configuration to life–cycle environmental performance：discrete–event simulation supplemented with LCA ［J］. Journal of Cleaner Production，2011 （19）：2015–2024.

［106］ Ahn C，Lee S. Importance of Operational Efficiency to Improve Environmental Performance of Construction Operations (In Press) ［J］. Journal of Construction Engineering and Management，2012.

[107] González V，Echaveguren T. Exploring the environmental modeling of road construction operations using discrete－event simulation [J]. Automation in Construction，2012，（24）：100－110.

[108] Martinez J C. Methodology for Conducting Discrete－Event Simulation Studies in Construction Engineering and Management [J]. Journal of Construction Engineering and Management，2010，136（1）：3－16.

[109] Hajjar D，Abourizk C. A framework for applying simulation in the construction industry [J]. Canadian Journal of Civil Engineering，1998，25（3）：604－617.

[110] Pena－Mora F，Han S，Lee S，et al. Strategic－Operational Construction Management：Hybrid System Dynamics and Discrete Event Approache [J]. Journal of Construction Engineering and Management，2008（9）：701－710.

[111] Ahn C，Pan W，Lee S，et al. Enhanced estimation of air emissions from construction operations based on discrete－event simulation [A]. Proceedings of the International Conference on Computing in Civil and Building Engineering，Nottingham，U. K，2010.

[112] Ahn C，Xie H，Lee S，et al. Carbon footprints analysis for tunnel construction processes in the preplanning phase using collaborative simulation [A]. Proceedings of the ASCE Construction Research Congress，Banff，Alberta，Canada，2010.

[113] Lewis P，Leming M，Rasdorf W. Impact of Engine Idling on Fuel Use and CO_2 Emissions of Nonroad Diesel Construction Equipment [J]. Journal of Management in Engineering，2011，28（1）：31－38.

[114] Abourizk S. Role of Simulation in Construction Engineering and Management [J]. Journal of Construction Engineering and Management，2010，136（10）.

[115] Wong J，H L，Wang H，et al. Toward low－carbon construction processes：the visualization of predicted emission [R]. Automation in Construction，2012.

[116] 陈强，刘艳，黄伟斌，陈勇，马光文. 基于碳交易市场的四川水电资源外送补偿研究 [J]. 水力发电，2016，42（1）：78－80.

[117] Abril G，Gu Erin F，Richard S，et al. Carbon dioxide and methane emissions and the carbon budget of a 10－year old tropical reservoir [J]. Global Biogeochemical Cycles，2005，19：1－16.

[118] Rosa L P，Santos M A D，Matvienko B，et al. Greenhouse gas emissions from hydroelectric reservoirs in tropical regions [J]. Climatic Change，2004（66）：9－21.

[119] 吴世勇，申满斌. 大力发展水电是应对全球气候变化的重要选择 [J]. 水力发电学报，2010，29（5）：116－119.

[120] Gagnon L，Belanger C，Uchiyama Y. Life－cycle assessment of electricity generation options：The status of research in year 2001. Energy Policy，2002（30）：1267－1278.

[121] 金峰，安雪晖. 堆石混凝土大坝施工方法 [P]. CN 1521363A. 2006－01－25.

[122] 金峰，安雪晖，石建军，等. 堆石混凝土及堆石混凝土大坝 [J]. 水利学报，2005，36（11）：1348－1351.

[123] 安雪晖，金峰，石建军. 自密实混凝土充填堆石体试验研究 [J]. 混凝土，2005，

(1)：3 - 6.

[124] Okamura H. Development of Self - Compacting Concrete [A]. Presentation as a Ferguson Lecture at ACI Fall Convention，New Orleans，1996.

[125] Okamura H，Ouchi M. Self - Compacting Concrete [J]. Journal of Advanced Concrete Technology，2006，(1)：5 - 15.

[126] Leemann A，Hoffmann C. Properties of self - compacting and conventional concrete - Differences and similarities [J]. Journal of Concrete Research，2005，57 (6)：315 - 319.

[127] An X，Sato F. The Application of Self - Compacting Concrete in Dam Construction [A]. The Activity of Japanese Technology in China. Nikkei Construction (In Japanese)，2006 (6)：22 - 24.

[128] 金峰，李乐，周虎，等. 堆石混凝土绝热温升性能初步研究 [J]. 水利水电技术，2008 (5)：59 - 63.

[129] Huang M，An X，Zhou H，et al. Rock - Fill Concrete，A New Type of Concrete [A]. Proceeding of International fib Symposium2008，The Netherlands，2008.

[130] Huang M，An X，Zhou H，et al. Rock - filled concrete - development，investigations and applications [J]. International Water Power and Dam Construction，2008，60 (4)：20 - 24.

[131] Huang M，Zhou H，An X，et al. The Environmental Impact Assessment of Rock - Filled Concrete Technology in Dam Construction [A]. Proceeding of Hydropower in China，Kun Ming，2006.

[132] Qi G Y，Y. S L，Zeng S X，et al. The drivers for contractors green innovation：an industry perspective [J]. Journal of Cleaner Production，2010 (18)：1358 - 1365.

[133] Hydraulic Construction Mechanical Quota [R]. Beijing，China：Water resources and hydropower planning and design general institute，2004.

[134] Carmichiael D G，Williams E H，Kaboli A S. Minimum Operational Emissions in Earthmoving [A]. Construction Research Congress，Purdue University，2012.

[135] Tang P，Cass D，Mukherjee A. Using schedule simulation approaches to reduce greenhouse gas emissions in highway construction project [A]. Proceedings of the 2011 Winter Simulation Conference，2011.

[136] 黄敏. 基于伙伴关系的国际承包商核心竞争力研究 [D]. 北京：清华大学，2010.

[137] Thompson P，Sanders S. Partnering Continuum [J]. Journal of Management in Engineering，1998 (5)：73 - 78.

[138] 顾圣士，刘振. 血压指标的聚类分析 [J]. 平顶山师专学报，2004 (2)：1 - 8.

[139] Design Specification for Concrete Arch Dams (SL 282—2003) [S] . Beijing，China：China Water Resource Press，2003.

[140] Shao Y，Mirza M S，Wu X. CO_2 sequestration using calcium - silicate concrete [J]. Canadian Journal of Civil Engineering，2006，33 (6)：776 - 784.

[141] Constantz B R，Youngs A，Holland T. Reduced - carbon footprint concrete compositions [R]. US 8470275 B2. 2013. 6.

[142] Monkman S，Shao Y X. Integration of carbon sequestration into curing process of

precast concrete [J]. Canadian Journal of Civil Engineering, 2010, 37 (2): 302 – 310.

[143] Vogtländer J G, Brezet H C, Hendriks C F. The Virtual Eco – costs'99, a single LCA – based indicator for sustainability and the Eco – costs / Value Ratio (EVR) model for economic allocation [J]. The International Journal of Life Cycle Assessment, 2001, 6 (3): 157 – 166.

[144] Lempérière F. The role of dams in the XXI century. Report for ICOLD'S Commitee on Governance of dams [J]. Hydropower & Dams, 2006 (3).

[145] Heydarian A, Golparvar – Fard M. A Visual Monitoring Framework for Integrated Productivity and Carbon Footprint Control of Construction Operations [A]. Proc. of the 2011 ASCE Int. Workshop on Computing in Civil Engineering, Technical Council on Computing and Information Technology of ASCE, Miami, Florida, 2011.

[146] Zou J, Kim H. Using HSV color space for construction equipment idle time analysis [J]. Journal of Computing in Civil Engineering, 2007, 21 (4): 238 – 246.

Abstract

On the perspectives of life cycle, this book established an evaluation model of carbon emission evaluation of concrete dams, and proposed the carbon calculation methodology covering the phases of material production, transportation, construction, operation and maintenance. Meanwhile, this book analyzed carbon emissions, cost and schedule performance, integrated by discrete event simulation. Further, Xiluodu Hydropower Station, Hengshan reservoir and other 14 projects were analyzed as examples, demonstrating the effectivity of the established model. Based on the carbon evaluation of concrete dams, this book compared carbon emission indexes of different construction method and put forward the ways of mitigating carbon emissions of concrete dams. This book combines theoretical research and engineering practice, which has good academic and practical value.

This book is suggested to be read by related researchers and engineers, as well as a reference book in colleges and universities.

Contents

"水科学博士文库"编后语

水科学学科博士是当今活跃在我国水利水电建设事业中的一支重要力量，是从事水利水电工作的专家群体，他们代表着水利水电科学最前沿领域的学术创新"新生代"。为充分挖掘行业内的学术资源，系统归纳和总结水科学博士科研成果，服务和传播水电科技，我们发起并组织了"水科学博士文库"的选题策划和出版。

"水科学博士文库"以系统地总结和反映水科学最新成果，追踪水科学学科前沿为主旨，既面向各高等院校和研究院，也辐射水利水电建设一线单位，着重展示国内外水利水电建设领域高端的学术和科研成果。

"水科学博士文库"以水利水电建设领域的博士的专著为主。所有获得博士学位和正在攻读博士学位的在水利及相关领域从事科研、教学、规划、设计、施工和管理等工作的科技人员，在各自领域的学术研究成果和实践创新成果均可纳入文库出版范畴，包括优秀博士论文和博士结合新近研究成果所撰写的专著以及部分反映国外最新科技成果的译著。"水科学博士文库"专著优先纳入出版计划，择优申报国家出版奖项，并积极向国外输出版权。

我们期待从事水科学事业的博士们积极参与、踊跃投稿（邮箱：lw@waterpub.com.cn），共同将"水科学博士文库"打造成一个展示高端学术和科研成果的平台。

中国水利水电出版社
水利水电出版分社
2017 年 10 月